肥料实用知识百问百答

彩图版

百问百答

邹国元　陈延华　主编

中国农业出版社
农村读物出版社
北　京

U0670558

编　委　会

主　编　邹国元　陈延华

副主编　孙钦平　杨俊刚　曹　兵　廖上强　孙焱鑫

编　者　邹国元　陈延华　孙钦平　杨俊刚　曹　兵

　　　　　廖上强　孙焱鑫　孙　娜　李丽霞　李艳梅

　　　　　庞敏晖　丁健莉　刘建斌　董士伟　董淑祺

　　　　　张洪宇　李艳萍　薛文涛

前 言
FOREWORD

肥料是粮食的"粮食"，是我国粮食安全的重要保障。有机肥自古以来便被人类所认识和利用；化肥虽然发展时间较短，但对粮食增产的贡献率达40%以上。随着我国人口的增加，肥料的作用更为彰显。在当今经济发展与生态环境保护两手都要抓的时代，怎样正确认识肥料、研发什么样的肥料、怎样科学施肥等成为社会关注的焦点。基于此，编者团队开始了本书的撰写。

本书针对化肥和有机肥两大类肥料，从5个方面进行梳理，从肥料需求者和使用者的角度考虑问题，突出科普性。全书共分5章，分别是农谚古语、肥料的发展与定位试验、新型肥料、作物施肥、肥料认识误区与识别利用。首先通过农谚古语，让读者了解肥料自古以来在农业中发挥的作用。紧接着，对多种常见肥料的来历进行介绍，让读者对肥料的发展历程有所了解，并对长期定位试验的作用有所认识。第3章和第4章较为全面地概括了当下琳琅满目的新型肥料，以及针对不同肥料和地域的施肥技术，其内容有助于农业生产者选肥、用肥，实用性强。第5章对生产实践中关于肥料常见的认识误区和肥料识别利用小知识进行分析，使得本书更具科普性、更接地气。

为便于读者快速阅览并锁定感兴趣的内容，本书大部分问答采用"图片提示＋文字阐述"的形式进行编写，能够让读者轻松、愉悦地阅读。

本书的作者由18名长期从事肥料研发及应用的科研人员组成，主要来自北京市农林科学院植物营养与资源环境研究所。该所是国内最早从事新型肥料研发、应用与效果评价的研究单位之一。本书中提到的多种新型肥料均由该所研发，例如沸石包衣尿素、脲甲醛肥料、树脂包膜肥料、直线释放型控释肥料、S型控释肥料等；多种应用技术也出自该所，或者由该所科研人员进行了优化、改进，例如番茄东西向轻简高效施肥、蔬菜沼液施肥等；除了自身的研发成果外，创作团队还总结了多项简易、实用的技术，例如怎样简易判断控释肥料的质量、怎么快速判断有机肥是否腐熟等。希望本书的出版能够向社会大众传播科学实用的肥料科普知识。

本书在编写过程中，得到了全国农业技术推广服务中心田有国研究员的指导和支持；全国绿肥产业技术体系专家（曹卫东研究员、冯伟副研究员、常单娜助理研究员）提供了部分问答照片；各位编者在繁忙的工作之余，认真收集资料，撰写文稿；中国农业出版社也对本书的出版给予了精心指导和帮助。在此一并致谢!

由于时间关系及编者水平有限，书中难免存在不妥之处，敬请广大读者批评指正!

编　者

2023年3月

目 录
CONTENTS

前言

第 1 章

农谚古语

传统农耕：光、温、水几乎无法改变；
要增产，就得给作物施肥。

现代农业：肥料依然重要，增产贡献率达
40%以上；供应有保障了，但不能乱施滥
施；不但要产量，还要品质和环境，要可
持续。

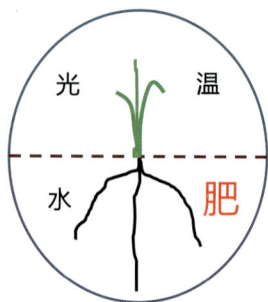

农谚"庄稼一枝花，全靠肥当家"体现了肥料的重要性。从古至今，农作物的生长离不开光照、温度、水分、肥料这四大因素。传统农耕时期，前三个自然因素几乎无法改变，农民想要农作物增产增收，唯一可以改变的就是增加给农作物提供营养元素的肥料，因此肥料就显得尤为重要。

如今，农业逐步实现了现代化，但肥料依然重要，肥料在粮食增产中的贡献率达到40%以上。肥料供应中除了有常规的有机肥料外，化肥所占的比例越来越高，用量也得到了充分的保证，彻底改变了"缺肥"的局面，我们现在很大程度上也能控制和应用光照、温度和水分等要素，使土地生产力得到了大幅度提高。目前生产上要解决的问题是综合平衡光照、温度、水分、肥料四大要素，在特定条件下合理施肥，一方面要确保获得合理的产量，另一方面要防止滥施肥料而导致农产品品质下降和产地环境污染。

"庄稼一枝花，全靠肥当家"至今仍有积极意义，我们要充分认识到肥料在保障粮食安全中的重要作用，但同时也要防止片面理解导致滥施肥、过量施肥。要把现有的肥源用足用好，包括各种有机肥料和化肥，合理组织生产与应用，积极适应农业绿色发展新形势。

2 怎样理解粪大水勤，不用问人？

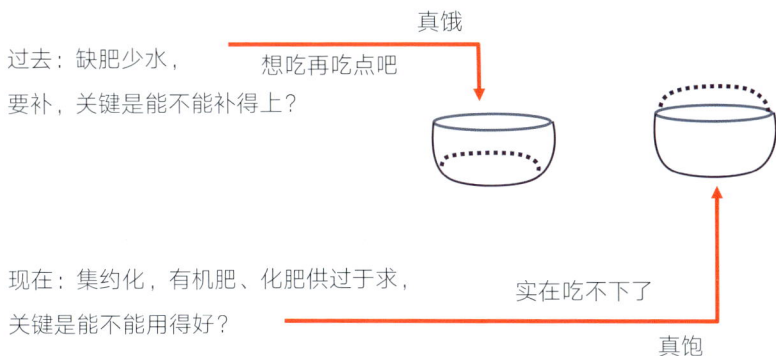

真饿

想吃再吃点吧

过去：缺肥少水，
要补，关键是能不能补得上？

现在：集约化，有机肥、化肥供过于求，
关键是能不能用得好？

实在吃不下了

真饱

　　这是老祖宗留下的耕种经验。在化肥缺乏的年代，制约庄稼产量的关键因素是营养供应数量。农家肥的营养种类多但每一种营养元素的含量很低，因此，要想庄稼有更高的产量，毫无疑问，就得"粪大水勤"。

　　如今，化学肥料种类多，营养元素含量高。施肥，就不能机械照搬这句老话了。施肥要考虑土壤、天气、作物、肥料等要素，缺啥补啥、平衡施肥。当前，在一些果园、菜地施肥实践中，相当部分农户依然"粪大水勤"。水多，养分流失得就多，就得多施肥；肥多，土壤积累的盐分就多，就得多浇水，不仅浪费了资源，还影响了农产品品质、污染了环境。如此形成了恶性循环。

　　施肥的报酬递减率，应该引起大家的关注。意思是在生产条件相对稳定的情况下，随着施肥量的增加，作物产量也随之增加，但单位施肥量的增产量逐渐减少，甚至为零，此时作物达到最高产量，如果继续增加施肥，产量不再增加，甚至造成减产。因此要防止盲目施肥。在新的形势下，推进测土配方施肥、精准灌溉，实施水肥一体化，实现节水节肥高效生产是关键。

《农书》

若能时加新沃之土壤，以粪治之，
则益精熟肥美，其力当常新壮矣

——用地养地结合

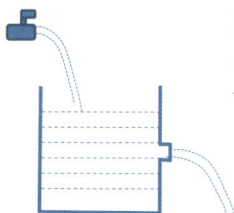

——养分归还学说

李比希

在中国几千年的农耕历史上，"地力常新壮"是最能反映我国农耕特点的理论模式。1149 年，陈旉在前人研究和自己躬耕实践的基础上写成了一部举世瞩目的农学著作——《农书》，提出了"地力常新壮"思想。在《农书·粪田之宜篇》中，记载：或谓土敝则草木不长，气衰则生物不遂，凡田土种三五年，其力已乏。斯语殆不然也，是未深思也。若能时加新沃之土壤，以粪治之，则益精熟肥美，其力常新壮矣，抑何敝何衰之有。陈旉的观点非常明确，就是如果经常在耕作的土地上增添肥沃的客土、施加肥料，就可以使土地保持地力常新壮，从而使土地可以长期支撑农作物发育生长结出籽粒。"地力常新壮"强调了用地与养地的结合，重视各种有机肥料的积制与应用，指导了我国精耕细作农业的实践。

"肥料工业之父"德国化学家李比希在几百年后也提出了用地养地相结合的思想，他在《化学在农业和生理学上的应用》一书中提出：农业是建立在这样一个原则上的，即从土壤取走的植物养分，又以农产品残余部分的形式，全部归还土壤。表明人们对土地的使用不是一味地索取，而是在使用的同时积极借助人力恢复土地功能，使土地可以得到滋养而重新供给人们所需要的农产品。农业土地，我们用以生产农作物、取走农产品，其地力受到损耗，所以要想方设法采取措施恢复并增加肥力，促进土壤恢复地力，这就是养分归还学说。

我国是一个人口大国，保障粮食安全意义重大。而耕地是基础，其数量与质量都必须得到充分的保障。在施肥实践中，坚持有机无机相结合、用地养地相结合是实现"地力常新壮"的根本，要大力推进和坚持种养结合区域生态循环农业、秸秆就近就地还田、推行绿肥种植和保护性耕作措施。

为什么说种田不要问，深耕多上粪？

农作物的栽培管理中最重要的就是耕作管理。深耕可以加厚活土层、熟化土壤、培肥地力，结合精细作业，可以使耕作层上虚下实，切断土壤毛细管，保持墒情，有利于播种后种子出苗齐全，幼苗生长健壮。多上粪主要是指要施足底肥，特别是以人、畜粪便为主的有机（农家）肥，因为此类优质有机（农家）肥中含有的营养元素比较全面，除氮、磷、钾元素外，还有一些微量元素，可以满足作物生长发育的需要，还有利于土壤培肥，是实现农作物优质高产的主要技术措施。而且这种有机肥来源较广，农户可以广为收集和沤制。

深耕多上粪，是一个基本原则。实施过程中有两点值得注意：一是深耕究竟耕多深，要根据条件而定，包括土层厚度、耕作条件等。例如，有些地方土层很薄就无法做到深耕，有些地方是在设施条件下生产而无法配套深耕机械；在一些特殊的情况下，深耕有特别重要的治理土壤的作用，要优先推荐使用，如土壤表层受到重金属、除草剂的污染，或者积聚了盐分，通过深耕措施可以减少这些物质在表层的积聚量，有利于作物正常生长。二是多上粪，是针对粪肥不还田、量不足而言的，但也不是越多越好，首先要选择使用清洁且发酵完全的粪肥（有机肥料）；另外，粪肥的用量要考虑与作物对养分需求量的平衡，粪肥用量过多同样也会污染环境。

5 怎样理解黄金难买雨淋粪？

过去：浇不上水 等雨

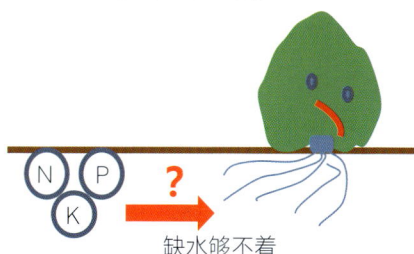

上粪不浇水，庄稼噘着嘴

有水即有肥，无水肥无力

N P K

?

缺水够不着

现在：水肥一体化

"黄金难买雨淋粪"，一句施肥的农谚很好地说明了施肥和水的关系。有肥无水，养分释放不出来，作物根系就吸收不到有效养分，肥料的作用就发挥不出来，特别是在干旱无灌溉条件的地方，雨水就是解决缺水问题的基本办法，什么时候施肥、怎么根据当地的气候条件合理施肥就显得至关重要。类似的农谚还有很多，如"上粪不浇水，庄稼噘着嘴""有水即有肥，无水肥无力"等，都说明了肥水配合的重要性，也充分反映了我国农民在长期的生产实践中，积累了丰富的水肥管理经验。

现在生产条件在改善，施肥的同时结合灌溉，水肥一体化管理变成了现实，改变了施肥等雨的模式。我们只有深刻地理解水肥一体化管理的必要性和价值，才能更好地发挥这项技术的作用。水肥一体化精细化管理，使肥水处在根系够得着的限定土壤空间内，可以提高肥水利用效率、减少养分流失和环境污染。

在一些灌溉条件得不到充分保障的山地，要采取一切措施把降水留住。可以修集雨池、梯田，采用开沟、深塘、覆膜覆草等措施改变耕作栽培方法，增强土壤蓄水能力，使"雨淋粪"变成现实，提高土地生产力。

绿肥：用绿色植物体制成的肥料

1吨绿肥鲜草 =6.3千克N+1.3千克P$_2$O$_5$+5千克K$_2$O
=13.7千克尿素 +6千克过磷酸钙 +10千克硫酸钾

增辟肥源　　　改良土壤

紫云英（红花草）

光叶苕子

草木樨

柽麻

毛叶苕子

箭筈豌豆

田菁

二月兰

　　"猪粪红花草，农家两件宝"，充分说明了农家肥猪粪和绿肥红花草的重要性。在没有化肥的年代，有机肥料是唯一的肥源，过去家家养猪能积肥，错季种植绿肥能肥田。红花草学名紫云英，属于一年生草本植物，曾作为绿肥普遍种植，是庄户人眼中的"肥田宝"，有着"一年红花草，三年地脚好"的说法。绿肥作物有很多，如紫云英、毛叶苕子、光叶苕子、箭筈豌豆、草木樨、田菁、柽麻、二月兰等。绿肥不但能提供养分，而且在改善土壤生态环境、改良土壤方面都有很好的作用。

　　随着化肥的普及和施用的简易化，曾经盛极一时的绿肥种植受关注度有所降低。但考虑到用地养地、土壤改良、控制水土流失、促进生态保护的需要，适度发展绿肥种植是极有必要的。特别是在绿色食品、有机食品种植区发展绿肥是最根本的手段，在填闲栽培中绿肥作物也是重要的选项，很多绿肥作物连片种植还有很好的景观效果，有助于打造农业生态旅游的良好环境。此外，有研究表明，在土壤污染修复改良中，绿肥作物也能发挥重要的作用。

"猪粪红花草，农家两件宝"，其实质是让我们重视农家肥和绿肥工作，在种养分离日益突出、生产高度专业化的今天，统筹协调好区域内的有机肥源，构建新时代的有机肥保障体系和运行机制，把地管好、用好，至关重要。

秸秆还田＋粪便资源化；

老方法不适应新形势、成本高、农机不配套、量大腐解慢。

覆盖还田　　　　　　混拌还田　　　　　　深翻还田

　　"粪草粪草，庄稼之宝"，强调了粪便、秸秆作为有机肥源的重要性。

　　在传统农业中，作物收获后的秸秆和养殖粪便都会作为肥源还田，或者将秸秆回收当饲料经养殖家畜过腹后堆肥还田。粪草作为宝贵的资源被很好地利用了，农民在田间地头采用堆肥、沤肥等方式对粪草进行处理，曾经是一道景观。

　　如今，农业走向现代化，土地流转、专业化程度变高，种养逐渐分离，化肥供应有保障了，作为重要肥源的粪草不但不再受青睐，解决秸秆焚烧问题还成为有些地方政府的负担。国家应出台相应的鼓励办法，通过区域生态循环农业等项目形式支持秸秆、粪便还田，加强科技支撑，研发各种有针对性的秸秆还田方式并进行推广，如覆盖还田、混拌还田、深翻还田等。

　　无论农业怎么发展，粪草资源化利用都应该得到重视，当前要解决的问题是研发简单可行低成本粪草还田技术模式，推进区域粪草处理利用第三方服务体系的构建，改变传统分散的以一家一户为单元的粪草还田模式，逐渐过渡到种养联动的区域资源协调使用的大循环现代农业模式。

8 怎样理解冷粪果木热粪菜，生粪下地连根坏？

无害化、稳定化
发酵供肥快慢
根系分布与需肥特性

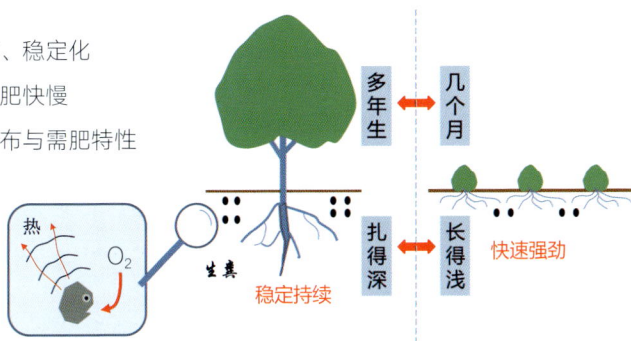

多年生 ⟷ 几个月

扎得深 ⟷ 长得浅

稳定持续　　快速强劲

热　O₂

生粪

"冷粪果木热粪菜，生粪下地连根坏。"这句农谚反映了粪肥如何选择如何用的问题。意思是果树适合用冷粪，种植蔬菜用热粪，没有经过发酵腐熟的粪便是万万不能用的，会把庄稼连根烧坏。这里的冷粪和热粪是指肥料性质。冷粪是指在堆肥过程中产热量较少、较慢、温度较低的粪肥，如牛粪、猪粪等，一般温度都会低于50℃；而热粪则相反，通常温度会高于50℃，如马粪、禽粪等；有些粪肥则介于以上两者之间，称为温性肥料，如羊粪。生粪是指没有经过腐熟发酵的粪肥。果树生长周期较长，对养分的需求不是很急迫，所以使用冷粪较好；而蔬菜大多生育期短、养分需求强度大，所以使用热粪较好。不管用什么性质的肥料，原则上都应该发酵腐熟后施用到土壤中，如果生粪下地，粪肥在土壤中会发酵，使作物根系不能正常生长，表现为烧根烧苗，所以称为"生粪下地连根坏"。

因此，农民选肥时要对肥料的性质和腐熟程度有所了解，有机肥料生产企业要严格保证产品质量。

第 2 章

肥料的发展与
定位试验

9 硫铵有什么来历?

硫铵是我国最早生产与使用的一个氮肥品种。

上海进口的第一批化肥	→	我国首次生产,增长快,占比高	→	我国产量60万吨,在氮肥中的比例<10%	→	低于氮肥总量的1%
1906年		1925年		1985年		目前

硫铵是我国最早生产与使用的一个氮肥品种,全称硫酸铵,俗称"肥田粉"。硫铵的化学式为$(NH_4)_2SO_4$,不仅含氮,而且含硫,肥效迅速而稳定。硫铵的生产工艺主要是将工业生产中的副产物或排放的废气用硫酸或氨水吸收,例如硫酸吸收焦炉气中的氨,氨水吸收冶炼厂烟气中的二氧化硫,也有的采用石膏法制硫铵(以天然石膏或磷石膏、氨、二氧化碳为原料)。

1906年上海进口的第一批化肥就是硫铵。1925年,我国首次以硫酸回收焦炉气生产硫铵。世界化肥发展的初期,硫铵使用广、增长快,在氮肥中的占比高。我国长期将硫铵作为标准氮肥品种,商业上称"标氮",即以硫铵的含氮20%作为统计氮肥商品量的单位。1985年,我国硫铵的产量为60万吨,但是在氮肥中的比例已降至10%以下,目前占我国氮肥总产量的比例不及1%。

硫铵可作追肥、基肥、种肥,土壤缺硫地区尤为适用,但应用中需要注意:①不能常用,容易造成土壤板结,尤其在中性和石灰性土壤上。因为NH_4^+被吸收后,土壤残存的SO_4^{2-}形成了难溶性的盐造成板结,因此"化肥用多了土壤会板结"主要是指硫铵。②在中性和酸性土壤上,需要配施石灰等措施来防止酸化,因为硫铵是一种生理酸性肥料。③硫铵要深施,无论水田还是旱田。

碳铵，设施农业中作为"气肥"应用。

侯德榜开发了新工艺	→	化肥的主产品	→	占全国氮肥的一半	→	下降快
1958年		20世纪70年代		20世纪80年代		目前

碳铵全称碳酸氢铵，化学式为NH_4HCO_3，含氮17%，为无色或浅色的结晶。碳铵的三个组分（NH_3，H_2O，CO_2）不含有害的中间产物和最终分解产物，因此长期施用对土质没有影响，是最安全的氮肥品种之一。

1958年，侯德榜开发了生产碳酸氢铵新工艺，即把碳酸氢铵的生产与合成氨原料气净化（脱除二氧化碳）过程结合起来，称为联碱法生产碳酸氢铵工艺。该工艺因简化了流程、降低了能耗、减少了投资，被审定为国家重大发明。通过对碳酸氢铵物性的改进和施肥技术的不断完善，它在中国获得了迅速发展，20世纪70年代碳铵成为化肥的主产品，80年代后，占全国氮肥的一半。不过，近些年下降速度非常快，可能与碳铵怕"热"怕"湿"、容易结块和分解、含氮量低（只有尿素的37%和硫铵的81%）有关。目前设施农业中，碳铵作为重要的CO_2气肥产品被应用。

人类历史上第一次人工合成尿素 → 尿素作为氮肥在世界各国快速发展 → 我国建立中型尿素厂

1828年　　20世纪初至50年代　　20世纪60年代

主要氮肥种类，被广泛应用 ← 我国兴建大型尿素厂，引进大型氮肥装置

目前　　20世纪70年代

尿素，化学式为$CO(NH_2)_2$，白色结晶，含氮46%，成本低，是一种主要的氮肥和重要的基础肥源。

1828年，由德国化学家维勒采用氰酸与氨反应生成尿素，在人类历史上，这是第一次用人工方法从无机物制得有机化合物。尿素作为氮肥始于20世纪初，50年代以后，由于尿素含氮量高、用途广和工业化生产流程不断改进，世界各国发展很快。我国从20世纪60年代开始建立中型尿素厂。1973年后，随着年产30万吨合成氨的大型尿素厂陆续兴建，我国已成为世界上重要的尿素生产国。1978年我国引进大型氮肥装置。目前，尿素仍是主要的氮肥种类，被广泛应用。

尿素可作基肥和追肥施用，但是因浓度高、肥效快，更适宜作追肥，且适宜深施，也可以作为叶面施肥，浓度在0.5%～2.0%。尿素能与酸或盐相互作用生成盐和络合物，因此在固体复混肥生产中发挥了重要的作用，是一种重要的基础肥源。除此之外，尿素还被广泛用作饲料的含氮添加剂，以及海产植物、食用菌和发酵微生物的重要氮源。

12 过磷酸钙有什么来历?

过磷酸钙是世界上工业化生产最早的一个化肥品种。

实现了工业化,磷肥主导品种	→	我国建立磷肥工业	→	我国建成第一个大型磷肥厂	→	产能300万吨(P_2O_5)以上,占磷肥70%左右
1842年		1949年后		1958年		1989年

过磷酸钙,又称普钙,泛指用硫酸、磷酸或者混合酸分解磷矿粉所制得的商品磷肥,是世界上工业化生产最早的一个化肥品种。过磷酸钙呈粉末状,灰白、淡黄或烟灰色。P_2O_5含量为 12%~20%。

1842年,英国人劳斯取得了硫酸分解磷矿制造普钙的专利权并实现了工业化。100多年内,普钙成为磷肥的主导品种,直到20世纪60年代初,以磷酸为基础的高浓磷肥品种得到较快发展。新中国成立后,我国才建立了真正的磷肥工业。1958年,我国第一个大型磷肥厂——南京化学工业公司磷肥厂建成,年产40万吨普钙(P_2O_5 18%)。此后磷肥工业迅速发展,1989年我国普钙的生产能力已达300万吨(P_2O_5)以上,占磷肥总产量的70%左右。

目前,过磷酸钙仍是一种主要的磷肥品种,既可直接作磷肥,也可作复合肥生产中的配料。过磷酸钙的当季利用率低,一般为10%~20%,主要是因为过磷酸钙施入土壤后容易发生化学沉淀和吸附作用。因此,为了提高过磷酸钙的利用率,施用时需要注意:集中施用,如穴施、沟施等;与有机肥料混合施用;改粉状为颗粒状;根外追施。

13 钙镁磷肥有什么来历?

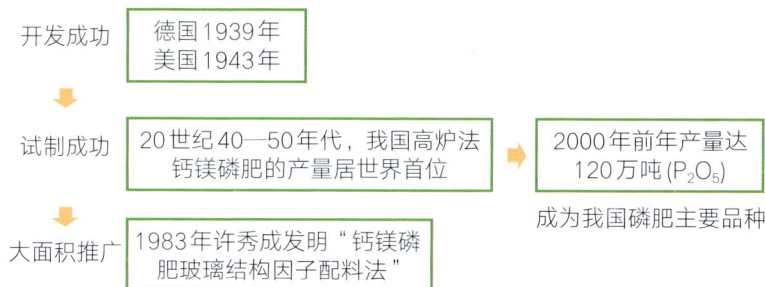

开发成功 → 德国1939年
美国1943年

试制成功 → 20世纪40—50年代，我国高炉法钙镁磷肥的产量居世界首位 → 2000年前年产量达120万吨(P_2O_5)

成为我国磷肥主要品种

大面积推广 → 1983年许秀成发明"钙镁磷肥玻璃结构因子配料法"

钙镁磷肥含 P_2O_5 14%～25%，呈灰白、浅绿、墨绿或灰褐色，微碱性（pH 8.0～8.5），不吸湿、不结块，长期贮存不易变质。该肥料加工成本低，肥效虽不如过磷酸钙，但后效较长。钙镁磷肥的主要成分为 $Ca_3(PO_4)_2$、$CaSiO_3$ 和 $MgSiO_3$，主要含 P_2O_5、CaO、MgO 和 SiO_2。

钙镁磷肥最早在德国（1939）和美国（1943）开发成功，我国钙镁磷肥的开发比国际上稍晚，20世纪40年代末在台湾，50年代在云南、上海、浙江等地试制成功，起初采用电炉法，之后开发成功高炉法。我国高炉法钙镁磷肥的产量居世界首位。1983年许秀成发明了"钙镁磷肥玻璃结构因子配料法"，利用低品位磷矿生产钙镁磷肥，在国内得到了大面积推广。2000年前，钙镁磷肥成为我国磷肥的主要品种之一，年产量达120万吨（P_2O_5），为农业生产做出了巨大贡献。目前，钙镁磷肥的占比有所下降，但仍是一种主要的磷肥品种，因该肥料中含有钙、镁，所以更适宜在南方施用，补充土壤中的钙和镁。

20世纪30年代，作为氮肥施用

⬇

20世纪50年代，快速发展

⬇

20世纪80年代，大面积应用

⬇

目前，多作为消毒措施，液氨施肥大幅降低

液氨，也称无水氨，是氨的液化产品，含水量仅为0.2%~0.5%，是含氮量最高的氮肥品种。液氨的生产流程简单，可省去氨加工流程，成本低；含氮量高，施用后对土壤无副作用；肥效长。

20世纪30年代，美国最早将液氨直接用作氮肥，50年代后，液氨施肥技术趋向成熟，世界各国引起重视，推进了该技术的发展。液氨使用最多的是美国（占农用氮的38%~40%），其他国家如澳大利亚、加拿大、丹麦、墨西哥等，液氨施用量也都占其肥料氮量的20%以上。

我国的液氨施肥试验始于20世纪50年代末，70年代末相继在北京、新疆、山东和浙江等地开展了规模较大的液氨施肥试验。1980年，新疆生产建设兵团开展了实用的生产性试验，至1986年液氨的应用面积达14万亩[*]，涉及多种作物，同时从美国引进了全套液氨施肥机械。但是目前液氨施肥很少见到，可能因为其对施用设备和环境的要求高，必须在承压（25~30个大气压）或冷冻（−33.4℃）和全密封条件下贮运与施用，且有配套的设备与施肥机械，成本高，同时需要较大的田块、较完整的田间路网。尽管液氨作为氮肥的角色大幅减弱，但是它还具有土壤消毒的作用，而且已被证实效果突出，因此液氨在土壤上依然会被用到。

---

[*]亩为非法定计量单位，1亩=1/15公顷。——编者注

1966年，建成年产3万吨磷酸二铵装置	→	20世纪90年代，出现大量复混肥企业	→	21世纪，肥料浓度更高且种类更多
正式起步		快速发展		长足发展

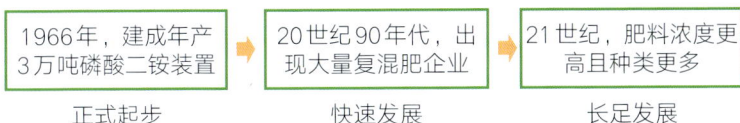

什么是复混肥料? 在氮、磷、钾这3种养分中，至少含有2种养分标明量的肥料称为复混肥料。复混肥料中单质养分和总养分只能以肥料中含有的氮 (N)、五氧化二磷 (P_2O_5)、氧化钾 (K_2O) 的含量计算。2001年制定了《复混肥料（复合肥料）》(GB 15063—2001) 国家标准，除对肥料外观有要求外，还对高、中、低浓度复混肥料总养分、水溶性磷占有效磷百分率及水分、粒度和氯离子含量等质量指标作了具体规定。

我国复混肥料的发展起源于磷铵工业。1966年，南京化学工业公司建成年产3万吨磷酸二铵装置，标志着我国复混肥料正式起步。20世纪80年代以来，复混肥料进入快速发展阶段。该阶段的主要特点是：①发展以湿法磷酸和氨为基础配料的复混肥料。一方面通过自身优势和引进技术建设大中型磷酸铵装置，如铜陵化工、大化集团等；另一方面，自主研发建设中小型磷肥厂，如利用稀磷酸铵料浆浓缩工艺建设的磷酸铵装置。②利用多种基础肥料发展复混肥料。

20世纪90年代以前，中国生产的复混肥料大多数采用的是团粒法颗粒复混肥料，属中小规模型。

20世纪90年代以后，大型复混肥料企业崛起，例如中阿公司。1999年初全国取得复混肥料生产许可证的企业有2 240家，年总生产能力3 000吨。产品从80年代的低浓度、单一配比发展到高浓度、多类型的局面，产品结构由过去的磷铵系、硝酸磷肥、钙镁磷肥系发展成团粒法、硫铵-磷铵系、硝铵-磷铵系、熔体造粒、掺混肥料等多工艺、多形态的复混肥料格局。进入21世纪，复混肥料生产得到了长足发展，复混肥料浓度向着更高浓度发展，特别是平衡施肥技术的发展，生产企业开始发展专用肥生产技术，此时掺混肥也异军突起，更进一步提高了复混肥料养分含量。在此时期也出现了有机无机复混肥料和控（缓）释复混肥料生产工艺。

目前，复混肥料的养分含量配比种类繁多，例如，养分含量（N-P$_2$O$_5$-K$_2$O）为15-15-15、17-17-17等的复混肥料经常被用作大田作物或者蔬菜的基肥，施用便捷、肥效快，受到广大种植者的欢迎。但由于各地区的土壤肥力不同，而且作物类型不同，因此复混肥料的应用中选择合适的配比至关重要。

长时间、大尺度地揭示肥料应用的综合效应

肥料长期定位试验能够在时间和空间尺度上揭示肥料的作用效果和驱动机制，对土壤肥力的提升具有指导意义。肥料长期定位试验能够回答许多短期试验无法回答的问题，为肥料的科学施用提供了重要依据。例如，长期施肥或不施肥对作物产量有什么影响，长期施肥对环境有什么影响，肥料的不同类型、不同用量和施用方式对作物生长和环境有什么影响，长期施肥对土壤肥力有什么影响等。

国内外的长期定位试验，据估计，超过100年的有30多个，几十年的则更多。英国洛桑试验始于1843年，是世界上历史最长的土壤肥力与肥料定位试验，推动了肥料应用的试验研究；知名的还有巴黎的Vincennes（始于1861年），德国的Gottingen（始于1873年）等。与国外相比，我国的土壤肥料长期定位试验起步较晚，而且有些未能坚持下来。20世纪70年代末，"全国化肥网"建立，覆盖了22个省份；20世纪80年代后期，"国家土壤肥力与肥料效益长期监测基地网"（简称"基地网"）建立，包含了我国9个主要土壤类型，截至目前约有70个试验仍在进行；2012年，"农田土壤肥力长期试验网络"成立，吸纳了52个农田土壤肥力长期定位试验，实现了联网研究。除此之外，还有一些科研院所根据科研需求设立的长期定位试验也在运行中。

降低土壤肥力、降低产量

肥料能够提供作物生长所需要的各种养分，是作物的"粮食"。大量肥料定位试验发现，长期不施肥会导致土壤养分含量降低，即降低土壤的肥力，从而降低作物的产量。例如，31年的暗棕壤长期定位试验发现，与施肥处理相比，长期不施肥处理下大豆的产量降低了15.9%～34.2%，小麦的产量降低了9.0%～46.8%。黑土28年不施肥，氮素含量呈缓慢下降的趋势，土壤全钾含量也降低了2.6%。

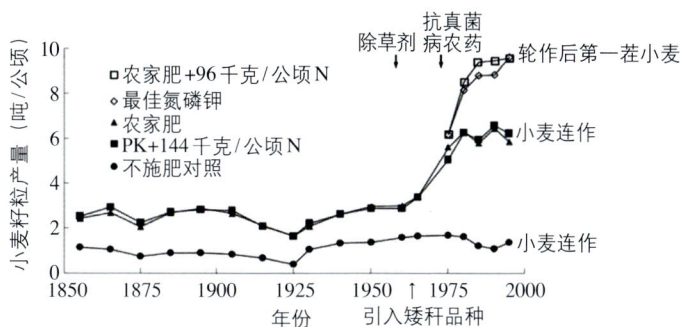

洛桑长期定位试验小麦产量变化趋势（赵方杰，2012）

　　肥料的增产效果有多大呢？英国洛桑试验数据表明，自1843年以来，不施肥处理的小麦产量仅能达到 1.6 吨/公顷（106.7 千克/亩）。肥料的长期应用，无论化肥还是农家肥，无论单独施用还是配合应用，均能够显著增加产量。单一农家肥和化肥处理的产量为不施肥区的 2～3 倍；化肥优化处理和化肥有机肥配施的处理产量高于单一肥料的处理，最高纪录达到 10 吨/公顷（666.7 千克/亩）。施肥 100 多年后，各处理的增产效果更显著。因此，施肥是作物获得高产的重要保障，有机肥与化肥配施或化肥优化施肥是两种最有效的施肥措施。我国的大量长期定位试验也得到相同的结论。

　　长期施肥对土壤性质也会产生影响。例如，英国洛桑试验发现，长期施用化肥能显著提高土壤有机质含量，但是有机肥的提升幅度最大，截至20世纪末，已达到试验初始值的 2～3 倍。大量长期定位试验表明，从改革开放后到 2010 年左右，我国多数土壤类型的 pH 都下降了 0.13～0.80 个单位，过量使用氮肥是造成土壤酸化的一个重要原因。土壤酸化不仅影响作物的正常生长，而且影响土壤中养分及污染物（例如重金属）的活性。

第 3 章

新型肥料

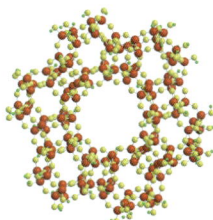

沸石的分子结构

沸石包衣尿素的特点

　　沸石包衣尿素属于无机物包裹型肥料，是以天然沸石作为包衣剂包裹尿素而成的长效肥，包衣黏合剂为水。尿素中的氮转化为铵态氮的速度减缓，尿素氮流失减少。生产设备为圆盘或转鼓造粒烘干设备。

　　包衣剂天然沸石是一种由硅氧四面体或铝氧四面体通过氧桥键相连而形成的结晶态硅酸盐或硅铝酸盐，含有纳米尺寸的空腔和孔道，比表面积大，具有良好的吸脱附性能和阳离子交换性能。因此，沸石包衣尿素除了有保肥的作用外，还可以起到保水、培肥地力和净化土壤的作用。这类产品尤其适用于盐碱地和沙质地。然而，由于包衣剂为无机材料，在成膜时易形成残缺孔洞，所以，这种肥料的最大缺点是养分释放性能不稳定。

　　北京市农林科学院刘广余研究员团队最早开展此类产品的研发。在"八五"重点课题的资助下采用复混肥厂原有的圆盘或转鼓造粒烘干设备，成功开发出沸石包衣尿素的包衣技术。包衣黏合剂为水，工艺绿色环保。利用该技术生产的复混肥曾批量出口海外。该技术曾获得北京市科技进步奖、北京市农业技术推广奖、中国技术协会金桥奖等多项荣誉。

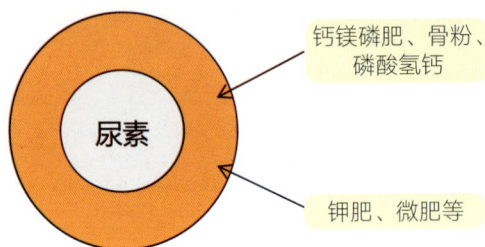

肥包肥结构示意图

肥包肥是用一种或多种植物营养物质（肥料）包裹另一种植物营养物质（肥料）而成的无机物包裹型肥料。该类肥料的最大特点是价廉，无二次污染。

该类肥料在我国的研发始于20世纪70年代初，遗憾的是，当时研制的钙镁磷肥包裹碳铵未得到大面积推广应用。80年代后期，郑州大学（原郑州工学院）许秀成教授等人以粒状尿素或硝铵或其他水溶性肥料为核心，以钙镁磷肥为包裹层，包裹层中可加入钾肥、微肥等，以硫酸、磷酸或氮磷泥浆为黏结剂形成肥包肥，成功实现了产业化。相关技术同时获得中美两个国家的发明专利，1988年获得国家技术发明三等奖。

目前，该类肥料大致分为三类：第一类，以钙镁磷肥为包裹层，适度缓释，适用于大田作物；第二类，以酸化磷矿为包裹层，是廉价的缓释磷复肥；第三类，以二价金属磷酸铵钾盐为包裹层，释放期长。

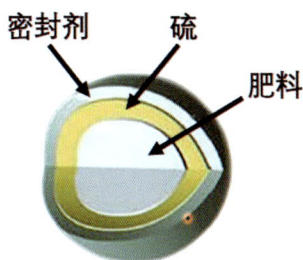

硫包衣肥料结构示意图

　　硫包衣肥料是用熔融的硫黄在预热的肥料颗粒外表包裹后，采用石蜡或石蜡–煤焦油等密封剂密封，最后冷却而成，是一类重要的无机包膜类缓释肥料产品。用密封剂喷涂封住包膜上的裂缝，以减少硫包膜的生物降解。硫包衣肥料的优点是制作工序简单、价格低廉。但是氮含量低（一般为31%～39%），而且硫较脆，贮存或运输过程中易脱落，因此逐步被硫加树脂包衣肥料替代。

　　美国是硫包衣肥料的发源地。20世纪60年代中期美国田纳西流域管理局（TVA）国家化肥中心首次开发出该类肥料。

　　硫包衣肥料中的硫含量为8%～30%，为作物缓慢提供养分的同时，还可以补充硫元素，满足作物的营养需求，达到增产、提高品质的效果，尤其适用于缺硫地区。不过，在使用此类肥料时应注意避免土壤酸化的发生。尤其在水田使用时，在厌氧环境中可能产生硫化氢等有害物质。

脲甲醛肥料是第一个商品化的缓释肥料，1955年最先由德国BASF公司生产。相比尿素等常规肥料，其具有几个特点：防潮、防结块；速效、缓效长效结合。该类肥料适合于南方气温高的区域。

脲甲醛肥料是以尿素与甲醛为原料，酸或碱作为催化剂进行缩聚反应而成的一类肥料。产品是由相对分子质量不等的缩合物组成，其不是单一化合物，且不同链长缩合物的溶解性不同。通过改变反应条件，如摩尔比、pH、温度和反应时间等可以调节缩合物的性质，达到肥料缓释的目的。

脲甲醛肥料在土壤中的氮素释放是氨化作用和硝化作用联合作用的结果。该类肥料的缓释性能与环境因子如土壤微生物有直接的关系。典型的脲甲醛肥料产品含氮量在37%~40%，可单独施用也可作为缓释氮源掺混施用。肥料的溶解度与生物降解性不同，施用方式也不同。

23 什么是树脂包膜肥料?

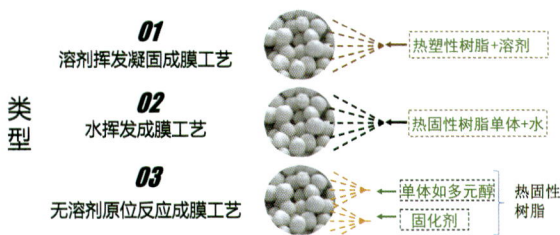

类型

01 溶剂挥发凝固成膜工艺 → 热塑性树脂+溶剂

02 水挥发成膜工艺 → 热固性树脂单体+水

03 无溶剂原位反应成膜工艺 → 单体如多元醇、固化剂 } 热固性树脂

树脂包膜肥料是通过特殊的工艺在肥料表面喷涂包裹一层半透性或不透性物质，因具有良好的控释功能而成为缓控释肥中最具发展前景的一类肥料。树脂包膜层主要分为热塑性和热固性树脂两类。热塑性树脂包膜的生产工艺为溶剂挥发凝固成膜工艺，热固性树脂包膜的生产工艺为水挥发成膜工艺和无溶剂原位反应成膜工艺。

1964年美国ADM公司率先研制出热固性树脂包膜肥料，开启了树脂包膜肥料的时代。热塑性包膜肥料最早由日本室素公司开发成功，相关产品品牌为Nutricote。20世纪90年代北京市农林科学院、山东农业大学等单位先后开展树脂包膜肥料的研究。1998年北京市农林科学院徐秋明研究员率先研制出喷流式包膜肥料生产设备，实现了溶剂型热塑性树脂包膜肥料的产业化。通过研制包膜配方，成本大幅降低，并在水稻、玉米等大田作物上进行应用试验，这项成果填补了我国在控释肥料研制与应用方面的空白，并获得北京市科技进步奖。

聚氨酯包膜肥料为无溶剂原位反应成膜型，是当前树脂包膜肥料研究的重要分支。不同种类的生物质原料如植物油、农作物秸秆、淀粉等已被应用于包膜合成中，丰富了聚氨酯包膜的来源和种类，相关产品类型包括植物油基、纤维素基、聚醚基等，实现了树脂包膜的绿色环保，但是应用评价工作需要进一步开展。

24 缓控释肥料的养分释放期指什么?

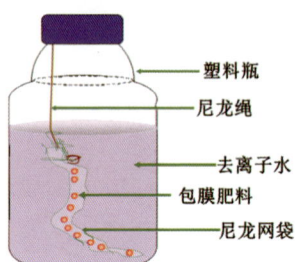

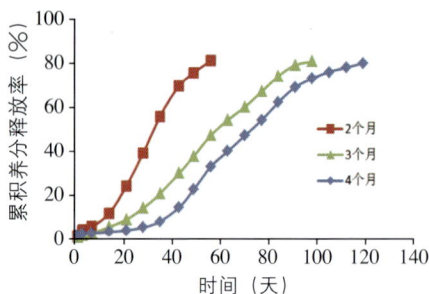

长期以来，生产上一直没有进行缓控释肥料的精确区分。国家标准《缓释肥料》（GB/T 23348—2009）、行业标准《控释肥料》（HG/T 4215—2011）、国际标准《肥料和土壤调理剂　控释肥料　通用要求》（ISO 18644—2016）、国际标准《肥料与土壤调理剂　词汇》（ISO 8157—2015）等相继颁布之后，开始区分缓释肥料和控释肥料。缓释肥料是一种通过养分的化学复合或物理作用，使其对作物的有效态养分随着时间而缓慢释放的化学肥料。控释肥料是一种能按照设定的释放率（%）和释放期（天）来控制养分释放的肥料。所谓释放是指养分转变为植物可有效吸收状态的过程。释放的核心内容不仅指肥料的释放期，更着重强调肥料中养分的释放速率与作物需肥规律相一致。

养分释放期是衡量缓控释肥料性能的重要指标，释放期是其在 25 ℃静水中浸提累积释放率能达到80%的时间。释放期的允许误差为25%。如标注值为6个月，累积养分释放率达到80%的时间允许范围为6个月 ± 45天。

养分释放期的影响因素包括温度、水分等。其中，温度是影响缓控释肥释放的主要因素。一般认为，土壤持水量低于35%时，土壤水分含量也会影响肥料释放速率。

直线释放型控释肥

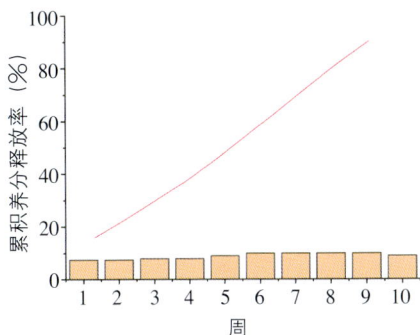

直线释放型控释肥料的养分释放曲线

在25℃恒温水浸泡条件下，养分释放速率变化不大且累积养分释放率曲线类似于直线的控释肥被称为直线释放型控释肥，通过调控包膜厚度，调节其释放期（30～360天）。直线释放型控释肥的养分供应可持续数月甚至更长，采用一次性施肥既能满足多数作物生长期养分需求，在养分高效利用的前提下，又能实现作物高产和管理轻简化。

市售控释肥产品多为直线释放型，释放期多为2～3个月。美国TVA国家化肥中心在20世纪60年代开发成功的硫包膜尿素是最早的包膜控释肥。以控释性能更优异的高分子材料如聚烯烃、聚氨酯制备的包膜控释肥是目前市场上的主流产品。20世纪90年代，北京市农林科学院在国内率先开始树脂包膜控释肥研发，在材料和工艺装备方面有诸多创新，包括废旧塑料包膜材料、天然低毒溶剂和自动连续化工艺装备等，大幅降低了直线释放型控释肥的成本和售价，同时首创速效掺混型控释专用肥，大规模推广应用于粮食作物上。

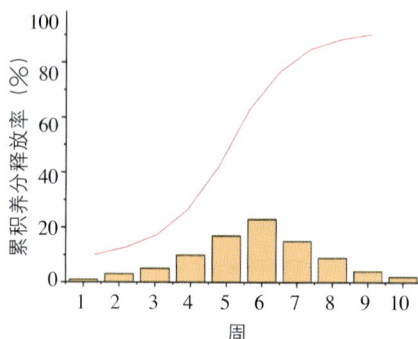

S型控释肥料的养分释放曲线

S型控释肥料的应用

与常见直线释放型控释肥料不同，S型控释肥料的养分释放速率会经历抑制期、快速释放期和衰减期的变化，累积养分释放率曲线为S形曲线，这种控释肥的养分释放与作物生长期对养分需求少—多—少的模式更匹配，可实现养分释放与作物吸收同步，大幅度提高肥料利用率。

S型控释肥除了可用于配制常规掺混肥外，在需要育苗的作物上，性能优异（30天以内的养分累积释放率不高于5%）的S型控释肥可以采用种肥大量甚至全量接触施肥，不仅实现了施肥的轻简化，而且节肥增产效果明显，氮肥利用率可提高到80%以上。S型控释肥由日本窒素公司在20世纪80—90年代开发成功，在施肥技术上，创新性开发同穴施肥，随后大规模应用于其国内的水稻和蔬菜生产。

北京市农林科学院从2002年开始进行S型控释肥研发，产品释放期在30～150天，性能接近日本同类产品，成本大幅降低并实现了技术转让。

取少许控释肥　加水　摇2～3分钟　假 ✗　真 ✓

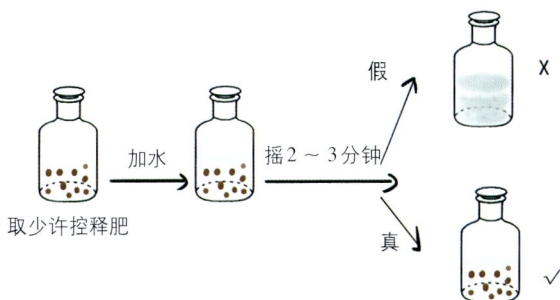

　　随着控释肥市场热度逐年提升，为了不当获利，一些不良企业和商家采用各种造假手段生产劣质和不合格产品冒充控释肥。由于控释肥料在生产过程中大多在膜材中添加不同颜色的染料，产品通常呈现红、黄、蓝等鲜艳颜色，因此外观模仿就成了最简便、成本最低的造假手段，也就是直接给肥料染色，从而达到以假乱真和以次充好的目的。

　　怎样简便快速地鉴定控释肥的真伪呢？我们可以根据控释肥在水中释放较慢的特点，采用上图所示的简易方法对所购产品的质量进行大致判断。即挑出一些控释肥放入矿泉水瓶中，然后倒入一定量清水，剧烈摇动瓶子2～3分钟，如果控释肥在水中快速溶解，颗粒明显变小甚至消失，清水变浑浊，可以肯定是假的控释肥。短时间内，真的控释肥从外观来看在水中不会发生任何变化。

28 什么是作物专用控释肥料？

主要粮食作物专用控释肥

作物	控释氮比例	控释肥释放期（天）	氮、磷、钾养分配比*	施肥方式
玉米	30%左右	60	26-12-12	种肥同播
水稻	30%左右	60～90	27-8-10	侧深施
小麦	30%左右	90	26-15-8	种肥同播

注：*代表不同企业的产品配方会有差异。

　　由于控释肥产品的释放期可以在30～360天范围内调节，而不同品种、不同地域的作物生长期和养分吸收特征差异较大，为了实现养分高效利用，生产上开始应用专用控释肥。作物专用控释肥是指控释期及养分配比（主要是氮、磷、钾）吻合特定作物生育期养分需求规律的专用肥料。作物专用控释肥较常规施肥可节肥10%以上，增产5%以上，多采用一次性施肥，还能提高肥料利用率和减轻环境污染。

　　作物专用控释肥料的产品设计需综合考虑作物生育期养分吸收特征、生长期长短、土壤环境因子和控释肥的释放特征，力求田间条件下专用肥的养分供应与作物的需求吻合。以上表中的粮食作物专用控释肥为例，其产品配方设计包括两个方面：一是确定专用肥的氮、磷、钾养分配比，二是确定控释肥的掺混比例和释放期。目前市售作物专用控释肥基本涵盖了农业生产中的各类作物，包括粮食作物、蔬菜、果树，以及其他经济作物，其中针对粮食作物的专用控释肥料产品所占份额最大，是市场主流产品。过去由于价格高昂，控释肥极少用于粮食作物，北京市农林科学院在2000年前后率先开发并推广速效缓效掺混型控释肥，大幅度降低了控释肥的使用成本，促进了控释肥在玉米、水稻和小麦上的大规模推广应用。

常见抑制剂品种

抑制剂名称	硝化/脲酶	化学名
DCD	硝化抑制剂	双氰胺
Nitrapyrin（CP）	硝化抑制剂	2-氯-6（三氯甲基）-吡啶
DMPP	硝化抑制剂	3，4-二甲基吡唑磷酸盐
NBPT	脲酶抑制剂	N-丁基硫代磷酰三胺
HQ	脲酶抑制剂	氢醌

抑制剂是能延缓或阻断尿素水解（脲酶抑制剂）和抑制铵态氮转化为硝态氮（硝化抑制剂）的化学物质，抑制剂的加入可以有效避免土壤中铵态氮或硝态氮的过度累积。在肥料（尿素和复合肥）生产过程中加入少量抑制剂（脲酶抑制剂和/或硝化抑制剂）制成稳定性肥料，可以调控氮素在土壤中的转化和形态，从而降低氨挥发、硝酸盐淋洗和 N_2O 排放造成的大气和水体污染。由于抑制剂加入量较低（不高于1%），稳定性肥料相比常规化肥成本增加有限，便于推广。

常见抑制剂多为化工产品，除了价格偏高外，长期施用还可能对环境和食品安全造成潜在危害。因此，近年来源于植物的生物抑制剂研究受到广泛关注。

为了最大限度发挥稳定性肥料在降低氮素损失和增产方面的作用，需根据不同地区的气候和土壤条件选择合适的产品，在偏碱性土壤上，含脲酶抑制剂的稳定性肥料具有较好的降低氨挥发损失效果，而在降雨量大或土壤质地偏沙的土壤上，含硝化抑制剂的稳定性肥料能显著降低硝酸盐淋失或 N_2O 排放。

来历

1885年	1902—1904年	1905年

合成氰氨 → 生产出石灰氮 → 产业化

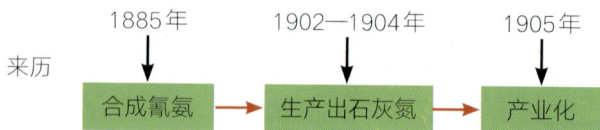

石灰氮（化学名称为氰胺化钙，$CaCN_2$）是电石的一个下游产品，工业上主要作为生产氰熔体、氰化钠、双氰铵、黄血盐、胍、多菌灵和硫脲的原料。

1885年，富兰克和卡罗发现当氮和水蒸气一同通过灼热的且含有钾碱、碳素和碳酸钡混合物时，氮就被吸收，生成了氰氨。1902—1904年，固定式氮化炉建成，首次生产出石灰氮产品。1905年，第一批大规模石灰氮厂建成投产。目前世界上生产石灰氮较多的国家是日本、德国。我国于1957年在吉林建成第一家石灰氮厂，采用的是固定炉法生产，但存在着炉壁易烧结和游离电石含量高的技术难题。为了解决上述问题，浙江巨化电石有限公司成立技术攻关组，自行设计了年产1.2万吨的中型转炉，并于1994年1月建成投产，产品中的游离电石含量平均为0.25%，全部低于0.5%的行业标准，炉壁烧结问题也基本解决。

石灰氮在农业上有广泛的用途。如作水稻的基肥、消除土壤的酸性和补充植物的钙素等，此外，石灰氮也是一种高效的土壤消毒剂，其分解的中间产物单氰胺和双氰胺都具有消毒、灭虫、防病的作用。可防治多种土传病害及地下害虫，特别是对线虫杀灭效果较好，具有无残留、不污染环境等优点，是进行土壤无害化处理、安全生产蔬菜的一种有效做法。

畜禽粪便

玉米秸秆

尾菜

蘑菇渣

甘蔗渣

商品有机肥料指经高温发酵加工过的商品性有机肥料。

生产厂家将各类废弃物经过一阶段的高温发酵,里面的各类物质充分腐熟,有害微生物和杂草种子等也被灭杀,可以在农田直接进行应用。形成的有机类肥料应符合国家的相关标准,可以作为商品进行市场销售。

加工商品有机肥的主要原料包括:养殖过程中产生的各类畜禽粪便、粮食作物种植中产生的各类秸秆、蔬菜种植中产生的各类尾菜、蘑菇种植中产生的菌渣,以及农副产品加工中产生的各类有机废弃物等。

目前,商品有机肥料可以大体上分为三大类,即精制有机肥、有机无机复混肥和生物有机肥料,都有相应的国家标准,分别为NY/T 525—2021、GB/T 18877—2020 和 NY 884—2012。

槽式高温堆肥

造粒后的堆肥产品

高温堆肥就是将畜禽粪尿和秸秆等堆积起来，利用细菌和真菌等微生物将有机物分解，释放出能量，形成高温（≥55℃），同时将部分有机物质转化为腐殖质，降低水分，将病原菌和杂草种子进行灭杀，形成有机肥。高温堆肥实现了农业废弃物的减量化、无害化和资源化处理利用，对于防治农业面源污染、促进种养循环和农业绿色发展具有重要的现实意义。

高温堆肥工艺流程一般为：升温期—高温期—降温期—陈化期。原料的发酵阶段：目前采用二次段式发酵方式。一次发酵是从发酵开始，经中温、高温，然后到达一定温度后开始下降的整个过程，一般需要10～12天，高温阶段持续时间较长。二次发酵一般需要20～30天。后处理阶段：对发酵熟化的堆肥进行处理，经处理后得到的精制堆肥含水量在30%左右，碳氮比为15～20。贮存时要注意保持干燥通风，防止闭气受潮。

不同商品形态的微生物肥料

微生物肥料指含有特定微生物活体的制品，应用于农业生产，通过其中所含微生物的生命活动，增加植物养分的供应量或促进植物生长，提高产量，改善产品品质及农业生态环境。微生物肥料包括微生物接种剂（菌剂）、复合微生物肥料和生物有机肥3类（NY/T 1113—2006），共涉及细菌、放线菌、丝状真菌和酵母菌等150多个菌种。

微生物接种剂（菌剂）指一种或一种以上的目的微生物工业化生产增殖后直接使用，或经浓缩或经载体吸附而制成的活菌制品。目前强制执行的标准是 GB 20287—2006，其主要技术指标为有效活菌数、霉菌杂菌数、杂菌率、水分、细度、pH、保质期和无害化指标。

复合微生物肥料指目的微生物经工业化生产增殖后与营养物质复合而成的活菌制品。目前推荐执行的农业行业标准是 NY/T 798—2015，其主要技术指标为有效活菌数、总养分、有机质、杂菌率、水分、pH 和有效期。

生物有机肥指目的微生物经工业化生产增殖后与主要以动植物残体（如畜禽粪便、农作物秸秆等）为来源并经过无害化处理的有机物复合而成的活菌制品。菌株安全应符合 NY/T 1109—2017 的规定。目前推荐执行的农业行业标准是 NY 884—2012。

技术指标

项目	2004年指标	2012年指标
有机质的质量分数（以干基计），%	≥25	≥40
有效活菌数（cfu），亿个／克	≥0.2	≥0.2
水分（鲜样）的质量分数，%	粉剂：≤30 颗粒：≤15	≤30
酸碱度（pH）	5.5～8.5	5.5～8.5
有效期，月	≥6	≥6

重金属限量指标

项目（毫克／千克）	2004年指标	2012年指标
总砷（As）（以干基计）	≤75	≤15
总汞（Hg）（以干基计）	≤5	≤2
总铅（Pb）（以干基计）	≤100	≤50
总镉（Cd）（以干基计）	≤10	≤3
总铬（Cr）（以干基计）	≤150	≤150

目前，生物有机肥的行业标准执行的是NY 884—2012，但与2004年版本相比，技术指标和重金属的限量指标也有不小的变化，包括有机质含量、水分含量和重金属限量等。

为了和NY/T 525—2021标准相适应，在有机质含量的变化中，

2004年版本中最小限量为25%，到2012年版本提升到了40%。水分含量由过去30%和15%两个剂型的含量，统一标准限量为30%。有效菌活菌数定于6个月内不少于0.2亿个/克。

有机肥的重金属限量相较过去更加严格，目前限定了5种重金属含量，分别为总As低于15毫克/千克，总Hg低于2毫克/千克，总Pb低于50毫克/千克，总Cd低于3毫克/千克，总Cr低于150毫克/千克（均为干基计）。在卫生学指标上限定粪大肠菌群数少于100个/克，蛔虫卵死亡率高于95%。

35 有机肥料技术指标和重金属限量指标是什么?

技术指标

项目	2002 年	2012 年	2021 年
有机质质量分数（以干基计），%	≥30	≥45	≥30
总养分（氮+五氧化二磷+氧化钾）（以干基计），%	≥4	≥5	≥4
水分（鲜样）的质量分数，%	≤20	≤30	≤30
酸碱度（pH）	5.5～8.0	5.5～8.5	5.5～8.5

注：种子发芽指数≥70%；机械杂质≤0.5%。

重金属限量指标

项目	指标（毫克／千克）
总砷（As）（以干基计）	≤15
总汞（Hg）（以干基计）	≤2
总铅（Pb）（以干基计）	≤50
总镉（Cd）（以干基计）	≤3
总铬（Cr）（以干基计）	≤150

目前，有机肥的行业标准执行的是NY/T 525—2021，但近20年来，有机肥的国家标准几次更新，技术指标和重金属的限量指标也有不小的变化，整体趋势是降低了有机质、养分和水分的指标，但严格了重金属限量和各类卫生指标。

在有机质含量的变化中，2002年版本中最小限量为30%，到

2012年提升到了45%，为让多数废弃物均符合加工有机肥的标准，2021年版本中重新限定为30%。氮、磷、钾总养分的变化与之类似，由过去的5%降低到了4%，水分含量由过去20%的限量提升到了30%，进一步放宽了限量，降低了企业的生产成本。

有机肥的重金属限量一直比较严格，目前限定了5种重金属含量，分别为总As低于15毫克/千克，总Hg低于2毫克/千克，总Pb低于50毫克/千克，总Cd低于3毫克/千克，总Cr低于150毫克/千克（均为干基计）。在种子发芽指数上也要求不低于70%，要求机械杂质少于0.5%。在卫生学指标上限定粪大肠菌群数少于100个/克，蛔虫卵死亡率高于95%。

优点	·投资运营成本	低		缺点	·气候影响	大
	·操作难度	低			·臭气控制	差
	·堆肥质量	良			·占地面积	大
					·堆肥时间	长

条垛式堆肥是将废弃物按照条垛方式进行码放堆肥的一种方式。采用这种堆肥方式，一般场地要求比较平整，且地势较高，方便排水，防止雨季排水不畅。场地一般要求硬化处理，可以整个堆肥区全部硬化，也可以按照条垛的分布进行间隔硬化，宽度与条垛、设备相匹配。

条垛式堆肥由于多为露天堆肥，气候影响大，要保持适当的规模保障发酵的顺利进行。如堆体太小温度散失多，则起温速度慢，堆肥占地面积大。推荐底宽2～6米，堆高1～3米，长度不限，横截面为梯形。堆肥的宽度、高度要与所采用的堆肥设备相适应。

条垛式堆肥所需条件简易，设备相对简单，投资成本较低，产品质量良好，适宜于广大堆肥厂。但一般没有盖顶，受气候影响比较大，臭气的控制能力也比较差，堆肥时间相对较长，周转周期长，占地面积大，适宜于场地比较宽敞、堆肥周期要求不紧张的区域。

37 什么是静态堆肥？

不翻堆，强制通风

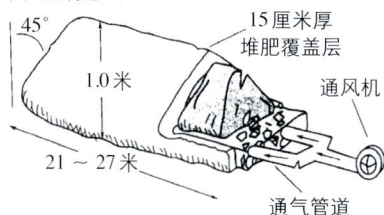

45°
1.0 米
21～27 米

15 厘米厚
堆肥覆盖层
通风机
通气管道

优点	·投资运营成本	低
	·操作难度	低
	·堆肥质量	良
	·臭气控制	良

缺点	·气候影响	大
	·占地面积	大
	·堆肥时间	中

　　静态堆肥是堆制过程中物料静止不动，通过自然或者强制通风的方式给堆体供氧实现发酵的堆肥方式。这种堆肥方式投资较低，简单易行，并能较好地进行臭气的控制。

　　通风系统是决定静态堆肥成功与否的关键，一般在堆肥体的中下部铺设通风管道，与鼓风机/抽气机相连，通过鼓风或抽气方式进行正压或负压的气体交换。由于气体交换时会带走很多水分，因此静态堆肥方式要注意堆体水分的补充和充气的均一性。堆肥表层一般要进行覆盖，可选用透气不透水的高分子膜，也可以选用发酵好的堆肥成品，一是防止臭气外漏，二是隔热保温防止温度散失。堆体高度一般设置在1米以内，太高则物料致密而通气性变差。

　　该堆肥方式所用装备相对简单，操作简便，并能较好地控制臭气等环境影响，但受物料堆制所限，占地面积大，适宜于中小型的堆肥工艺。

单槽式

多槽式

优点	· 投资运营成本	中	缺点	· 臭气控制	差
	· 操作难度	低		· 占地面积	中
	· 堆肥质量	良		· 堆肥时间	中
	· 气候影响	小			

　　槽式堆肥是将堆肥混合物放置在长槽式的结构中进行发酵的堆肥方式。采用这种堆肥方式，一般要求上面进行覆盖防止降雨等影响，槽体底部进行硬化处理，堆体两端设置轨道用作翻堆机工作平台。堆肥槽的长度可以根据堆肥场地条件、堆肥量的设计和堆肥工艺的设计等因素综合考虑，具体堆体高度也要充分考虑翻堆设备的参数与之匹配。可以设计成单槽式，也可设计成多槽式，共用一个翻堆机。

　　堆肥中，可以在整个堆肥槽中一次性添加发酵物料，作为一个批次进行发酵，发酵后的产品一次性全部完成。也可以进行物料序批式添加，随着翻堆机在轨道上的移动逐渐将物料从一端翻堆至另一端，到发酵完成时正好移动至出料口完成发酵。

　　槽式堆肥场地需要进行一定的建设，投资相对较高，产品质量良好，适宜于大型堆肥厂；受气候影响比较小，臭气可以抽取进行吸收，堆肥时间适中，适宜于场地相对宽敞、环境要求较高的区域。

39 什么是密闭舱式堆肥？

示意图　　　　立式　　　　卧式

优点			缺点		
	·气候影响	小		·投资运营成本	高
	·臭气控制	优		·操作难度	大
	·占地面积	小			
	·堆肥质量	优			
	·堆肥时间	短			

　　密闭舱式堆肥是在密闭式发酵装备里面曝气供氧，在微生物的分解作用下使有机物料降解，是一个减量化、稳定化的过程。由于保温性能好，发酵物料也聚集大量的热使堆体的温度保持较高，并且持续一段时间，对病原菌和杂草种子等有较好的杀灭作用。同时，发酵气体能够有序收集并进行处理，各类异味能得到有效控制。

　　根据场地大小可以选用立式发酵和卧式发酵装备。发酵仓设计容量一般要与每天的物料投入量相匹配，发酵仓深度一般为4～5米，通常密闭式发酵罐所用物料从反应器顶加入，由出料皮带机从下部出料，从反应器底部用高压离心风机强制通风供氧。

　　由于能保持较高的发酵温度，堆肥产品质量较好，但一般投资较大，设备需要专业人士来运行维护。另外，这类发酵方式环境指标控制较好，特别适宜于对环境要求比较高的区域。

物料混拌　　　　　　物料建堆　　　　　　　覆膜曝气

膜式堆肥是依托膜式发酵设备肥料化处理有机废弃物的技术，是介于开放式堆肥和封闭式堆肥之间的一种堆肥方式。通常情况下，这种技术利用离心风机强制通风，将氧气输送到堆体内部，产生一个高压内腔，促使氧气能够均匀分布，确保堆体内有氧环境达到较为理想的微生物繁殖代谢环境，使物料快速腐熟。膜材料是以e-PTFE（Expanded Poly Tetra Fluoro Ethylene）膜为核心，在其上下分别包裹一层抗UV和耐腐蚀特性聚酯膜，e-PTFE膜通过热膨胀拉伸严格控制孔径大小（0.15～0.35微米），并添加纳米除臭分子层。膜的这种设计对粉尘、微生物、气体分子等具有阻隔作用；膜表面具有很强的疏水性，发酵过程中温度上升时，蒸发的水分子被膜阻挡，因膜内外的温差作用，膜内表面形成一层水凝膜，气体分子碰到水凝膜，凝结成水，随水滴落回堆体，因此有效地降低气味分子散发和养分损失。

膜式堆肥技术的优点是内部微环境气体分布均匀、污染小、腐熟速度快、周期短、处理能力灵活。发酵周期根据季节温度和物料类型有所不同，一般10～30天。适合该技术处理的原料为畜禽粪便、厨余垃圾、秸秆、锯末、园林垃圾等，广泛适用于乡村有机废弃物肥料化处理。

范围	规模化设施菜地	华北小麦玉米轮作	南方平原稻麦轮作	丘陵山区果树种植
难点	水肥一体微灌	机械化，高效化	机械化，高效化	动力配备难
模式				
特点	三级精细过滤，滴灌施用	自走喷灌、管灌结合，消纳面积大	喷灌、沟灌结合，消纳面积大	管灌，利用高差，无动力运行
施肥	总量控制，与灌水相结合	总量控制，播前苗期施用	总量控制，雨季慎用	总量控制，与灌水相结合

　　作为一项水肥一体化技术，各种植体系中沼液的消纳要与各自的灌溉措施相适应，并与各自的种植模式相配套。

　　①沼液在设施菜地进行施用，需要与设施菜地普遍采用的滴灌水肥一体化等装备进行对接配套，在灌溉首部进行三级的精细过滤，防止沼渣堵塞过滤设备。②在华北平原的小麦玉米轮作区，可以与目前很多地区采用的喷灌、管灌等方式相结合，大面积地消纳沼液，特别是在小麦、玉米的苗期，比较适宜进行喷灌。③稻麦轮作是典型的水旱轮作，主要通过喷灌、沟灌相结合的方式进行。④在丘陵山区，可以在山顶修建沼液过滤与配比首部，通过重力对山腰地区种植的果树进行自流，实现沼液灌溉的无动力运行。

　　所有作物沼液施用过程中，都要注意进行总量的控制，防止过量施用造成土壤环境的污染。同时要与作物的养分需求规律相一致，提升沼液的利用效率。

发展历程

代理阶段（1995—2000年）

起步阶段（2001—2006年）

快速发展阶段（2007年至今）

执行标准	
大量元素水溶肥料	NY/T 1107—2020
中量元素水溶肥料	NY 2266—2012
微量元素水溶肥料	NY 1428—2010
含氨基酸水溶肥料	NY 1429—2010
含腐植酸水溶肥料	NY 1106—2010
水溶性肥料	HG/T 4365—2012

水溶性肥料是指能够完全溶解于水的多元素复合型、速效性肥料。按农业农村部行业标准规定的水溶肥包括大量元素水溶肥、中量元素水溶肥、微量元素水溶肥、氨基酸水溶肥/腐植酸水溶肥和有机水溶肥。

与普通复合肥相比，水溶性肥料具有如下优点：一是水溶性肥料可以采用水肥同施、以水带肥，实现水肥一体化；二是水溶性肥料的利用效率高，可以减少肥料用量，发挥肥水协同效应，水肥的利用效率都明显提高；三是水溶性肥料的肥效快，可满足作物快速生长期对营养的需求。

与国外发达国家相比，水溶性肥料在我国虽然起步较晚，但发展速度很快，近年来水溶性肥料已成为肥料产品登记的主流产品。

水溶性肥料的利用率可高出普通化肥1倍多，能达到70%～80%。水溶性肥料通过与喷灌、滴灌等农业设施相结合，实现了水肥一体化，节水节肥和省时省工的效果明显，在我国水资源短缺的情况下，水肥一体化技术可有效解决常规施肥浪费水资源、有效性差、费工费时的问题。

43 液体肥配肥站是什么？

液体肥配肥站是指由液体肥储液吨桶、肥液流量控制装置、滴灌施肥机、配方手机App等组成，可根据不同作物需求配置多种营养元素的液体肥料的施肥装置。其技术要点如下：

（1）配置储液装置。按照作物面积配置氮、磷、钾三种液体肥储液容器，每个设施园区安装 1～2 个，大面积露地蔬菜可以安装多组装置。规模较大可配置方形吨桶（1米^3），规模稍小则配置圆柱形桶。桶上均需安装进出水口和开关或桶盖，氮肥为尿素硝铵溶液（UAN），氮肥液用量较大，一般单独储放，同时方便添加氮肥增效剂，磷、钾可单独储放或合并储放。储液装置应避免太阳直晒或增加深色覆盖物。

（2）按照主要作物需求形成施肥方案输入控制程序，根据程序配方抽取不同液体肥，注入滴灌系统。根据作物生长需求，配合滴灌设施，追肥前测试土壤或按照施肥App计算每次追肥的氮、磷、钾数量。通过配肥站控制系统分别量取一定量的氮、磷、钾肥液，加入施肥机或施肥罐内。其中UAN配合氮肥增效剂施用以提高氮肥利用效率。

（3）与作物模拟决策模型结合，输出精准管理方案。观察田间长势，同时可测定作物氮素含量变化，以调整下次施肥数量和时间。

第3章　新型肥料　　51

　　该装置克服了当前固体肥溶解慢、易堵塞、断续加肥的不足，以多种液体肥配合实现了快速溶解，无残留，施肥均匀性显著提高，用工量显著降低，施肥装置简单、成本低廉，配备了信息化手段提供施肥指导，适宜于温室、园区及规模化生产的不同层次应用，为水肥一体化技术推广提供了重要的装备支持，具有显著的经济、社会及生态效益。

秸秆生物反应堆是一项科学利用农作物秸秆资源,大幅度提高瓜果菜产量、改善品质的现代农业生物工程创新技术。该技术在反应堆专用微生物菌种、催化剂和净化剂的作用下,将秸秆定向、快速地转化为植物生长所需要的二氧化碳、热量、抗病微生物和有机无机养分。

应用秸秆生物反应堆技术,可以减少化肥用量,改良土壤生态环境;以抗病微生物和植物疫苗防治病虫害,可有效减少农药用量。

秸秆生物反应堆主要应用于冬暖式温室大棚、早春大拱棚和露地果园,已在中国北方部分地区设施蔬菜和果树生产中应用并取得了良好的效果。反应堆有两种应用方式,一种是内置式反应堆,又细分为行下内置式反应堆和行间内置式反应堆,后者应用较多;另一种是外置式反应堆。通常高温用外置,低温用内置,不冷不热内外置结合应用。

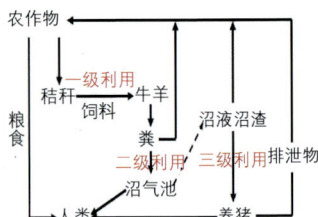

农作物秸秆是指成熟农作物收获后残留的茎叶（穗）等副产物产品，含有大量光合作用产物和养分，是一种可再生的生物资源。我国每年大田秸秆产生量约为10.4亿吨。秸秆还田被证明是当今世界上普遍采用的解决秸秆浪费、环境保护和农业绿色发展最高效的措施之一。秸秆还田有利于改善土壤物理性状，提升土壤有机质含量，增加土壤蓄水能力，改善耕层结构，提高作物产量，减少环境污染，具有显著的增产增收节支效果。

大田作物秸秆体量大，宜采用就地就近还田原则。就地还田即直接还田，可以大大减少工作量，提高还田效率，对于作物产量提高也有不错的效果。秸秆直接还田指在作物收获时，采用农机对秸秆直接进行还田处理，包括留高茬还田法、粉碎翻压还田法和覆盖还田法。除了直接就地还田外，秸秆也可与周边养殖业和果园生产结合，实现就近还田，如秸秆过腹还田就是先将秸秆作为养殖业的饲料，经畜禽消化后变成粪、尿再施入土壤还田。此外，大田秸秆还可用于周边果园、蔬菜和苗木生产的异地覆盖还田，从而起到减少土壤蒸发、保墒、防治杂草和增加土壤有机质含量的作用。

种植建议：

- 选择适宜品种
- 开好排灌沟
- 适时播种
- 适量施用肥料

紫云英   二月兰

　　有机肥可以有效缓解因长期施用化肥造成的土壤板结、盐渍化、养分失衡等问题，然而当前有机肥肥源少、质量差，需要开辟新肥源才能满足农业生产需求。绿肥是一种养分完全的生物肥源，指可以利用绿肥作物生长过程中形成的部分或全部植株鲜体，经过翻压进入土壤作为肥料，或者是通过与主作物进行间套轮作等形式起到改良土壤性状、提高作物产量及品质的一类作物。我国绿肥作物种类繁多，主要包括豆科、禾本科、十字花科、菊科等。绿肥应用模式多样，常见的生产模式为禾本科和豆科作物间套作。

　　绿肥种植要点：①品种选择。应根据种植地域的气候条件和土壤状况结合绿肥品种特性选择适宜的绿肥品种。②开好排灌沟。"种绿肥不怕不得收，只怕懒人不开沟。"这句谚语充分说明了开好排灌沟对绿肥种植的重要性。开沟要做到水多时能排，干旱时能灌。③适时播种。根据不同地域条件和绿肥品种特性选择好播种期，华南地区夏季绿肥宜在3月下旬至4月上旬播种，冬季绿肥宜在10月播种。④适量施肥。绿肥既是肥料也是作物，其生长发育同样需要一定的养分，缺肥会导致产量、品质下降，应适当施肥以满足绿肥生长需求，达到"小肥养大肥"的效果。

二月兰　　　　　　　　草木樨　　　　　　　　鼠茅草

　　我国北方大部分地区少雨干旱，土壤贫瘠且部分地区土壤盐碱化严重，所以应多种植抗旱、耐盐碱、根系发达、覆盖地表能力强的绿肥品种，如二月兰、草木樨、毛叶苕子、鼠茅草等。采用的种植模式有粮肥轮作、粮肥间作等。在北方，最常种植的绿肥是二月兰和鼠茅草。

　　二月兰又称诸葛菜，一年或二年生草本，农历二月前后开花，故得名二月兰。二月兰对土壤、光照要求不高，耐阴性和自播生长能力强，在平原、山地、路旁、地边均能生长，在阴湿环境中表现出良好的性状。二月兰的最佳播期在8月，最晚不能超过9月，播种太晚容易造成幼苗越冬死亡。播种可以采用条播或撒播方式进行，但条播比撒播更节省播种量。

　　鼠茅草是一种耐严寒而不耐高温的草本绿肥植物。鼠茅草地上部自然倒伏，匍匐生长的针叶类似马鬃，针叶长达60～70厘米，根系一般深30厘米，最深达60厘米。纤细密集的根系在生长期及枯死腐烂后有代替人工深耕的效果，有效保持了土壤的渗透性和通气性。在果园种植鼠茅草，能够抑制各种杂草的生长，可减少锄草次数，是一种以草治草的绿色除草技术。鼠茅草的播种时间，以9月下旬至10月中旬最为适宜，10月下旬播种还能够出苗，但苗小越冬困难。播种前要清除杂草，平整地面，撒种后覆土要薄。

48 南方绿肥种类有哪些？

紫云英

苕子

油菜

　　利用冬闲稻田种植冬季绿肥是我国南方主要的绿肥生产方式，常见的绿肥品种包括紫云英、苕子、金花菜、油菜等。紫云英和苕子具有良好的耐寒性，固氮能力强、氮素利用效率高，是我国南方稻田主要的冬季绿肥作物。此外，紫云英和苕子不仅是优质的绿肥，还是良好的牲畜饲料，种植此类绿肥能带来良好的经济效益和生态效益。

　　紫云英一般在9月下旬至10月初播种，播种前应进行晒种浸种。紫云英怕涝、怕旱，在田间管理中要开好横沟、纵沟和田边围沟，达到沟沟相通、冬防旱春排涝的效果。冬季盖草是紫云英促苗健长的关键，通常在晚稻收获后，可将适量稻草覆盖在紫云英上，达到保温保湿的效果。割稻后至小雪前是紫云英的快速生长期，这个时期应适量施肥以保证翌春早发高产，一般以磷肥为主，配施氮肥、钾肥，在割稻后半个月内完成施肥。

　　苕子适应性较广，对土壤的要求不高，沙土、壤土、黏土上都可以种植，贫瘠土壤上的鲜草、种子产量也很高。其抗寒性强于紫云英，在长江中下游地区，幼苗越冬率较高。苕子适宜在8月中下旬播种，播种量可根据不同土壤条件和具体播种时间而定。苕子耐寒但不耐渍，要做好水分管理，土壤水分保持在最大持水量的60%～70%，超过80%会导致根系发黑、植株枯萎。苕子适宜的发芽温度为20℃左右。

第4章

作物施肥

当季利用率逐步提高

2001—2005年		2013年	2015年	2017年	2019年	2020年

水稻小麦玉米

2001—2005年: 氮：26.1%～28.3% 磷：10.7%～13.1% 钾：30.3%～32.4%

2013年: 氮：33% 磷：24% 钾：42%

2015年：35.2%　2017年：37.8%　2019年：39.2%　2020年：40.2%

累积利用率

当季未利用储存于土壤中下一季作物利用 → 磷、钾累积利用率>60%

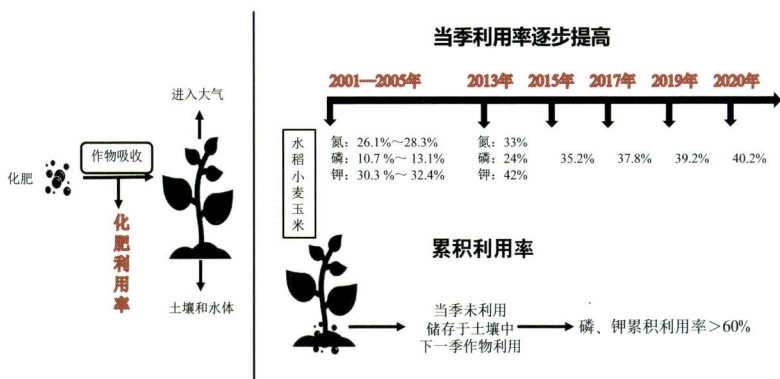

化肥在施入土壤后，养分并不能完全被植物吸收，其中有一部分会进入大气，例如部分氮肥会转化为氨气，还有一部分会储存在土壤中或进入水体，只有化肥养分被植物吸收利用才达到了施肥的目的，因此植物吸收利用部分与总施肥量的比值被称为化肥利用率。

由于一部分养分会储存在土壤中供下一季作物利用，因此化肥利用率又分为当季利用率和累积利用率。通常大家关心的化肥利用率是指当季的化肥利用率，我国化肥的当季利用率在21世纪逐步提高，水稻、玉米和小麦三大粮食作物当季化肥利用率在2020年已经提升到40.2%，进入国际上公认的适宜范围，但仍有提升空间。化肥利用率在不同作物、不同肥料品种和施肥量之间差异较大，过度施肥会导致化肥利用率大大降低。相比磷、钾肥，氮肥更容易进入大气和水体，造成肥料损失，未被植株当季吸收的磷、钾肥则大多会积累在土壤中，其累积利用率可达60%以上。

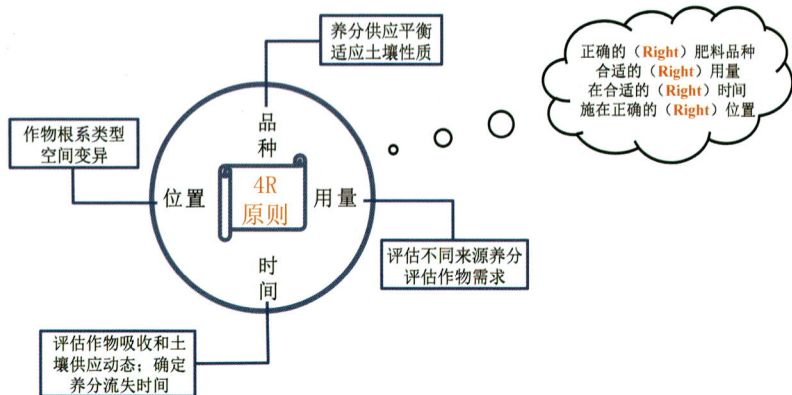

养分供应平衡
适应土壤性质

作物根系类型
空间变异

品种

位置　4R原则　用量

时间

正确的（Right）肥料品种
合适的（Right）用量
在合适的（Right）时间
施在正确的（Right）位置

评估不同来源养分
评估作物需求

评估作物吸收和土
壤供应动态；确定
养分流失时间

　　4R养分管理原则，指选择正确的肥料品种，采用合适的用量，在合适的时间施在正确的位置，四种因素互相联系、互相制约、协同工作，是提高化肥利用率的最佳方法。

　　首先选择正确的肥料品种，可为作物提供所需、平衡的养分供应，所使用的化肥应该与土壤性质匹配，比如应该避免在淹水土壤中使用硝酸盐类肥料，防止硝酸盐被还原为氮气挥发；选择肥料品种时还应注意不同种类肥料是否存在混合后容易吸潮不易均匀施用的问题，此外，应尽量选择颗粒大小相似的肥料，避免混合后出现分层现象。合适的肥料用量应考虑土壤养分状况、作物需求、目标产量和肥料来源等因素，目前有许多指导施肥的软件和系统，在输入土壤养分含量、作物种类、种植地点、目标产量、肥料品种和施肥时间等信息后即可获得肥料用量的指导意见。合适的施肥时间是为实现养分供应与当季作物养分需求同步，应当在评估作物吸收和土壤供应动态、养分流失风险的时间和当地气候调节等因素后决定，常见的施肥时间包括播种前、播种期、开花期和结果期。正确的施肥位置需要了解所栽培植物是浅根系作物还是深根系作物，同时考虑养分的空间变异，分析栽种地区土壤肥力差异、土壤养分供应能力和养分的易损失性差异，常见的根据施肥位置不同的施肥方式有撒施、条施、穴施等。

4R 养分管理原则兼顾经济、社会和环境效益，在提高肥料利用率的同时有益于农业的可持续发展。

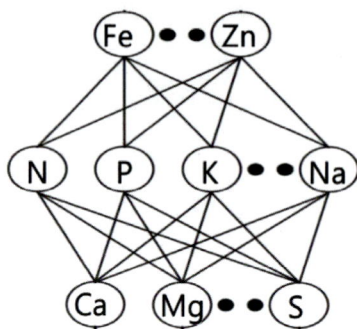

植物必需营养元素

　　植物营养元素的同等重要和不可代替律是指植物必需的各种营养元素在植物体内不论数量多少都是同等重要的，任何一种营养元素的特殊功能都不能被其他元素所代替。

　　作物生长发育所必需的营养元素有十几种，对作物来说，无论大量元素、中量元素，还是微量元素，都是同等重要的，缺一不可。这是因为缺少某一种元素，就会产生相应元素缺乏症而导致生理性病害、减产，甚至死亡。这个重要性并不因为需要量或施入量的多少而改变，例如通常施肥中以氮、磷、钾大量元素为主，在生产中锌、硼等元素的用量虽然少，但缺乏时就会表现出生长点受阻、心叶卷曲，或茎干纵裂，果实表皮出现皲裂疤痕等，所以在生产实践中，一定注意不要因为施入大量元素，而忽略了中微量元素，否则会造成营养不平衡，从而影响植物的正常生长。

　　另外，各种必需营养元素在植物的正常生长发育过程中都有着某些独特的甚至专一的功能，是其他营养元素不可代替的。但某些元素之间的营养功能具有相似之处。有些元素在植物代谢过程中作用相似，即均能对某一代谢过程或某一代谢过程中的某一部分起相似的作用，因而相互之间可以部分代替。较为常见的例子就是钾和钠在某些营养作用中具有相似之处，钾的一个重要作用是调节植物体内的渗透压，而钠也有类似的功能。但元素间的相似或替代作用仅仅是部分的和次要的，大部分营养元素在植物体内还具有其特殊的功能，而不能被其他元素所完全代替，所以农业生产上应该注意营养的平衡性。

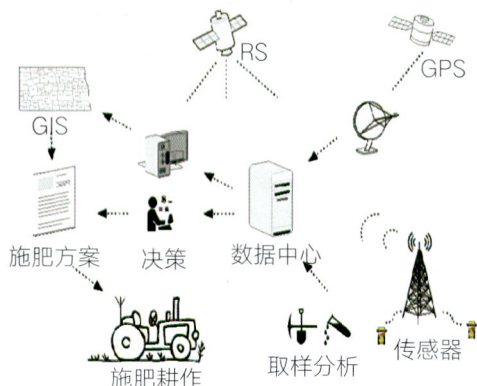

20世纪后期，世界农业的高速发展与化肥、农药和矿物能源的大量投入息息相关，但同时也伴随着水土流失、农产品和地下水污染、水体富营养化等生态环境问题的发生，这些推动了农业可持续发展和精准农业理论的建立和发展，其中精准施肥备受关注。

精准施肥是指根据一定面积上土壤的肥力变异情况而采取的针对性变量施肥技术。由于成土母质、地形、人类活动（农业生产中的施肥、作物品种、灌溉等）对土壤养分空间变异均有较大影响，因此即便在同一田块内，土壤肥力都存在较大的变异。

针对这些变异情况，要定位、定时、定量地实施一整套现代的农事操作技术与管理系统，其较为常见的有全球定位系统（GPS，完成农事活动的定位）、遥感监测系统（RS，进行农业活动遥测）、地理信息系统（GIS，地理信息处理）、农业专家系统（ES，决策分析）、环境监测系统、智能农机系统等。具体来说，就是利用遥感信息进行GPS定位和分析、农田监测系统信息获取，结合高效土壤养分测试技术、科学施肥决策技术，制作土壤养分图和精准施肥图，并通过农业智能装备实施，达到高产高效的目的。

正常　缺氮　缺磷　缺钾

作物判断

叶片：由黄转绿、由薄变厚。
茎秆：由细弱倒伏转强壮挺立。
果实：膨大加快、不实转结果。
中微量元素的生理病害减轻或消失。

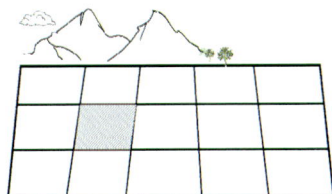

农田"开窗"

农业生产离不开肥料的投入，但肥料千差万别，想要鉴定肥料的肥效，尤其是新肥料配方开发和研究，就离不开田间试验。而肥效鉴定的田间试验从设计、操作、分析，到最后的评价等步骤都影响最终结果的评定。

通常正规田间试验时间较长，且对试验方案布置、分析都有一定的要求，如何用较为简易的方法进行判断，其中一个方法就是农田的"开窗"试验与对比。

农田"开窗"试验，就是在常规耕作的农田中，开辟出一块或多块农田（好似一面墙上的窗户），专门用于施肥验证，其他地块部分则是农业常规的操作，然后对长势、产量或品质等指标进行对比。其优点在于，其他农业操作（如灌溉、打药等）可统一进行，具有易操作特点，而田间的环境又是一致的，具有可比性。

在判断肥效上，可以从作物这几个方面进行：叶片是否由黄转绿、由薄变厚；茎秆是否从细弱倒伏转强壮挺立；果实是否膨大速度加快、不实转结果。总体上，通过"开窗"试验对比，观察植物长势和产量的差异，借此判断肥效的好坏。

望—闻—问—切—种

　　有机肥在农业生产中有着重要的作用，但未腐熟的有机肥埋入土中会发酵生热，严重时会烧坏植物根系，并且未充分腐熟的有机肥可能会带有很多病菌和虫卵，直接造成作物病虫害加重，其卫生学指标不合格，也会对环境和人体健康造成威胁。

　　有机肥腐熟度指标划分为三类：物理学指标、化学指标(包括腐殖质)和生物学指标。可通过望–闻–问–切–种的方法来简易判断有机肥的腐熟情况。

　　望：有机肥经过充分腐熟后堆料颜色变为褐色或黑褐色，疏松，无其他杂质。

　　闻：堆肥原料本身具有令人不快的气味，并且堆肥过程中会产生 H_2S、NH_3 等难闻的气体，而腐熟良好的有机肥中这些气味逐渐减弱并在堆肥结束后消失。

　　问：询问堆置时间与条件，根据堆肥的时间、翻堆、通气和补水等条件，来判断有机肥的发酵过程。

　　切：用手进行检测，腐熟好的有机肥在湿时柔软有弹性，不发热；干燥时很脆，并容易破碎。

　　种：可通过发芽率试验判断。准备叶菜种子（如小油菜类）和两个培养皿（或浅口碟子），放入滤纸（或吸水纸），分别在2个碟子中倒入有机肥浸提液和等量的清水。撒入20粒种子，常温下（25℃）培养。分别记录2个培养皿中发芽种子数和平均的发芽根长。通常发芽率超过50%时，认为腐熟。

将有机肥放置试管中，加水，振荡，静置观察

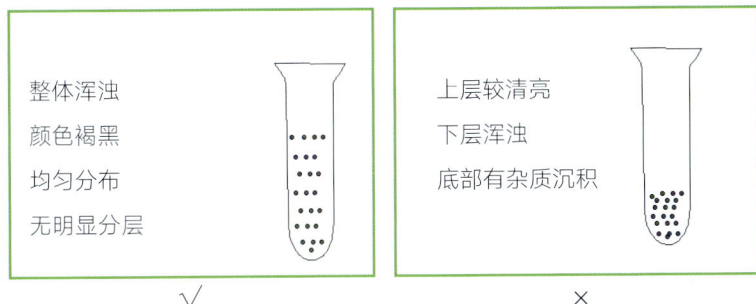

整体浑浊
颜色褐黑
均匀分布
无明显分层

√

上层较清亮
下层浑浊
底部有杂质沉积

×

　　有机肥的施用可以提高土壤质量和农产品品质、增加土壤生物多样性。有机质含量是反映有机肥质量的一个重要指标（国家标准要求，有机质含量≥30%）。怎样快速判断有机肥有机质含量的高低呢？可取相同质量的有机肥2份，分别倒入2个试管（或透明玻璃杯），加入相同质量的水，用手摇晃振荡5～10分钟，静置数分钟后，溶液很快分层，下层浑浊出现较多泥沙杂质，说明该有机肥的有机质含量较低；若整体溶液颜色呈现褐色或黑色，底部无明显的泥沙沉淀，则表明有机肥质量较高。

看天气：

　　大雨、暴雨前不施肥

　　雨天、大风天不施叶面肥

看气温：

　　温度过低不施肥

　　温度过高不施肥

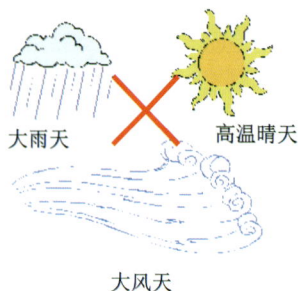

大雨天　×　高温晴天

大风天

　　看天施肥指的是看天气施肥。光照、温度、降雨等都会影响肥料在土壤中的转化和作物吸收，看天施肥主要目的是提高作物对养分的吸收和减少肥料损失进入环境。

　　看天施肥首先是看风雨，大雨、暴雨、大风天应尽量避免施肥，在大雨或暴雨前施肥，肥料中的氮素会随着降雨流失而导致肥效降低，同时氮素进入水体引起水体富营养化和地下水硝酸盐污染。如大风天气、雨天喷施叶面肥时溶液不能很好地附着在叶片上，而高温晴天溶液易蒸发流失或浓度变高引起烧苗，因此，喷施叶面肥应在无风阴天或湿度较大、蒸发量小的上午9时以前，或下午4时以后。

　　看天施肥其次是看气温，气温过低会导致作物停止生长，这时候施肥，作物不吸收，施肥效果差，另外，低温天气作物容易出现缺磷、缺锌症状，还应注意磷肥和锌肥的施用；温度过高的时候施肥，则容易烧苗，尤其是一些化肥在温度较高、太阳直射的情况下稳定性差，会逸出氨气造成作物氨气中毒，持续高温天气作物会因为气孔关闭导致蒸腾作用减弱，从而影响作物对钙的吸收出现缺钙症状，应注意施用钙肥或喷施含钙叶面肥。

· 看土地类型
· 看地形
· 看土壤条件
· 看土壤肥力

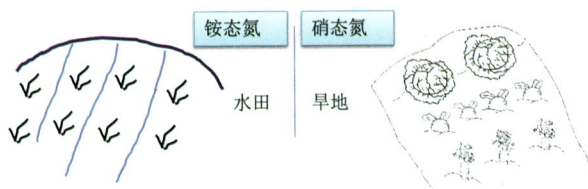

| | 铵态氮 | 硝态氮 |
| 水田 | 旱地 |

土壤养分含量分级标准

级别	有机质（%）	全氮（%）	速效氮N（毫克／千克）	有效磷 P_2O_5（毫克／千克）	速效钾 K_2O（毫克／千克）
1	>4	>0.2	>150	>40	>200
2	3～4	0.15～0.2	120～150	20～40	150～200
3	2～3	0.1～0.15	90～120	10～20	100～150
4	1～2	0.07～0.1	60～90	5～10	50～100
5	0.6～1	0.05～0.75	30～60	3～5	30～50
6	<0.6	<0.05	<30	<3	<30

　　看地施肥就是根据土地类型、地形、土壤条件和土壤肥力等情况来决定施用什么肥和如何施肥。

　　看土地类型主要看是水田还是旱地。水田和旱地施肥主要区别是氮肥的施用，一般情况下水田施用铵态氮肥，而旱地一般施用硝态氮肥，并且尽量深施。

　　看地形主要看平地、山坡地、淹水地、滨海地等。平地施肥主要根据土壤质地合理施肥；山坡地由于肥料易随雨水等流失，施肥应开沟或开穴深施；淹水地由于临水，在水位上涨时变成水淹地，淹水时养分易随水流失，施肥需要注意少量多次；滨海地土壤偏碱、偏黏，土壤肥力较差，施肥应增施有机肥，提倡施用硝基肥、硫基肥，增施中微量元素肥料，深施覆盖，防止流失。

看土壤条件主要看土壤质地和酸碱性。如沙质土壤，施肥尽量少量多次，而黏性土壤则应该多施有机肥。如果土壤过酸，就需要施一些碱性肥料如石灰和钙镁磷肥等来中和土壤的酸性；如果土壤偏碱性而种植的作物喜酸，就需要施一些酸性肥料如过磷酸钙、硫酸亚铁来中和碱性，盐碱土施肥时还应注意施用低浓度肥料，配施有机肥。

看土壤肥力就是根据土壤中有什么养分、缺什么养分来决定施什么肥，可根据土壤肥力分级标准进行施肥指导。高产田土壤肥力水平高、供肥能力强，作物对土壤养分的依赖性高，而对肥料养分的依赖性低，多施肥效益下降。反之，低产田土壤肥力水平低、供肥能力差，作物对土壤养分的依赖性低，对肥料养分的依赖性高，少施肥作物则难以提高产量，应少量多次施肥。

58 怎么看庄稼施肥？

· 看作物种类：茎叶作物、块茎作物、籽粒作物。

· 看目标产量：养分平衡。

· 看作物长势：苗期、旺长期、成熟结果期。

· 看作物缺素情况：缺氮、缺磷、缺钾等。

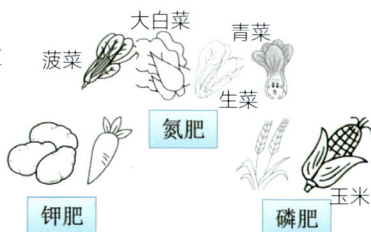

作物	收获物	形成100千克经济产量吸收的养分量（千克）			中等肥力百千克产量施肥量（千克）			目标产量（千克/亩）	高肥力施肥量（千克/亩）		
		N	P₂O₅	K₂O	N	P₂O₅	K₂O		N	P₂O₅	K₂O
水稻	籽粒	2.25	1.25	2.7	2.1	1.4	1.1	600	10.0	6.7	5.4
小麦	籽粒	3.00	1.25	2.50	2.2	1.2	1.0	450	8.0	4.3	3.8
玉米	籽粒	2.57	0.86	2.14	2.4	1.1	0.9	500	9.5	4.6	3.6
大豆	豆粒	7.20	1.80	4.00	2.2	1.8	1.7	300	5.3	4.1	4.0
甘薯	鲜块根	0.35	0.18	0.55	0.3	0.2	0.2	4 000	10.4	5.5	7.3
花生	荚果	6.80	1.30	3.80	2.1	1.2	1.6	350	5.9	3.5	4.4
番茄	果实	0.45	0.50	0.50	0.5	0.7	0.3	3 500	14.0	18.7	9.3
卷心菜	叶球	0.41	0.05	0.38	0.5	0.1	0.3	2 500	9.1	1.3	5.1
菠菜	全株	0.36	0.18	0.52	0.5	0.2	0.3	4 000	12.8	7.7	11.1
苹果	果实	0.30	0.08	0.32	0.3	0.1	0.2	3 500	9.3	3.0	6.0

作物	收获物	中肥力施肥量（千克/亩）			低肥力施肥量（千克/亩）		
		N	P₂O₅	K₂O	N	P₂O₅	K₂O
水稻	籽粒	12.5	8.3	6.8	15	10	8.1
小麦	籽粒	10.0	5.4	4.7	12.0	6.4	5.6
玉米	籽粒	11.9	5.7	4.5	14.3	6.9	5.4
大豆	豆粒	6.7	5.1	5.0	8.0	6.2	6.0
甘薯	鲜块根	13.0	6.9	9.2	15.6	8.2	11.0
花生	荚果	7.3	4.3	5.5	8.8	5.2	6.7
番茄	果实	17.5	23.3	11.7	21.0	28.0	14.0
卷心菜	叶球	11.4	1.7	6.3	13.7	2.0	7.6
菠菜	全株	16.0	9.6	13.9	19.2	11.5	16.6
苹果	果实	11.7	3.7	7.5	14.0	4.5	9.0

看庄稼施肥主要是由于不同作物种类、不同目标产量、不同生长阶段对养分的需求不同，而通过作物缺素症状的表现，可以指导施肥。

看作物种类施肥主要是不同种类作物对养分的需求有一定的偏好，如叶类蔬菜对氮肥需求较多，肥料配比可偏重氮肥；块茎类作物，如马铃薯等对钾肥需求较多，肥料配比可偏重钾肥；籽粒作物，如小麦等对磷肥需求多，肥料配比可偏重磷肥。

看目标产量主要是根据作物产量的构成，氮、磷、钾需求比例，确定目标产量后，以及为达到这个产量所需要的养分数量，再计算作物除土壤所供给的养分外，还需要补充的养分数量，最后确定施用多少肥料。

看作物长势施肥主要是由于作物不同时期对养分需求不同，如幼苗的耐受力较弱，因此作物苗期施肥要施薄肥，即施肥浓度要低和施用量要少；旺长期，作物生长旺盛需要的养分多，施肥时可加大施肥量，尤其是氮肥，促进植株营养生长；成熟结果期，作物养分需求由强变弱，而对钾的需求增多，此时可多施钾肥，促进花芽分化与开花结果，还应少施氮肥，避免作物贪青而影响开花结果。

作物所需的每种营养元素都具有独特的生理功能和作用，当不同营养元素缺乏时，作物会表现不同的生理生化反应，并且会在作物外观上表现各自不同的症状。在生产中，可根据作物外观症状，初步判断作物缺素情况，采取必要的施肥补救措施。如缺氮时，下部叶片叶色淡绿，或者发黄，并且逐渐向上部叶片扩展；缺磷时，通常叶片尖端枯萎呈现黄褐色；缺钾时，先从底下老叶变黄向上扩展，若新叶也出现缺钾症状，说明缺钾程度非常严重，应及时补施钾肥。

59 什么是有机肥部分替代化肥技术？

土壤酸化
土壤板结 → 化肥不当施用 → 有机肥部分替代化肥 → 稳定土壤pH
有机质含量降低

土壤疏松透气
丰富有机质
营养元素齐全
改善土壤微生物菌群

不合理地大量使用化肥常造成土壤酸化、板结、有机质含量逐渐降低，不仅增加了生产成本，也带来了面源污染等环境问题。我国集约化养殖规模逐渐扩大，畜禽废弃物利用率低，不合理的排放不仅浪费资源也造成环境污染。因此利用畜禽废弃物生产有机肥并部分替代化肥十分必要，不仅可以节本增效、保护环境，还可实现资源循环利用。

有机肥的使用可显著提高土壤有机质含量，保持土壤疏松透气，且其营养元素全面，相比化肥不易造成中微量元素缺乏；有机肥多为碱性，具有较好的缓冲能力，在北方土壤上即使长期使用对土壤pH影响也较小，在南方酸性土壤上则可提高土壤pH、改良土壤；此外，有机肥中携带大量微生物，可改善土壤微生物菌群。

有机肥替代化肥技术多用于果树、蔬菜和茶叶等高经济附加值的作物，这类作物生产上常存在化肥使用量偏高的问题，使用有机肥替代化肥后化肥施肥量显著降低，且产品质量提高，有助于增加农民收入。需要注意的是，绝大多数农业生产中有机肥并不能全部替代化肥，化肥与有机肥结合可在保证产量的基础上改良土壤、提高果菜茶的品质。农业农村部种植业管理司印发的《2020年果菜茶有机肥替代化肥技术指导意见》中指出果菜茶的有机肥替代模式主要有"有机肥+配方肥""果（菜或茶）-沼-畜""有机肥+水肥一体化""有机肥+生草+配方肥+水肥一体化""有机肥+覆草+配方肥""绿肥+自然生草"和"有机肥+配方肥+绿肥"，生产中可根据实际需求选择不同替代模式。

田间消毒原位还田　　小型堆肥处理　　工厂化高温堆肥

堆沤及无害化处置；
源头控制、资源环保

高温加热无害化
处理　　园区厌氧沤制处理

　　全国蔬菜种植面积2 000万公顷，每年产出约7亿吨蔬菜废弃物。蔬菜废弃物农田随意堆放会腐烂变质，严重污染环境和阻碍蔬菜产业健康发展。而蔬菜废弃物中又含有丰富的有机物质和矿质养分，将其就地资源化处置和利用，对发展绿色农业和循环经济有非常重要的意义。

　　在各地大力推行清洁生产的背景下，蔬菜废弃物的利用方式主要集中于蔬菜换茬茬口间隔期间的肥料化就地利用处理。主要有以下三种方式：①田间消毒原位还田。采用微喷的方式喷洒消毒剂（高锰酸钾、木醋液、石灰水、辣根素等），拖拉机拖带旋耕机将蔬菜秸秆翻旋进耕作层并耙平，连续旋耕多遍，旋耕过程中旋耕机刀头将蔬菜秸秆粉碎（长度小于10厘米），粉碎的秸秆被旋耕进土壤作为底肥施用。②小型堆肥处理。将蔬菜废弃物、有机肥和腐熟剂按1：1：0.5的比例混料，分层堆放在地上，每隔3～5天洒水以保证堆料的湿度，堆制3个月左右至蔬菜残体变软变黑没有异味，堆肥就地作为底肥使用。③园区厌氧沤制处理。开挖长约2米、宽1.5～2米、深度0.5～1米的沤肥池，将蔬菜废弃物和土按照3：1的比例分层填入池内，每填入一层，撒施秸秆腐熟剂或生物菌剂，直至堆满为止，用塑料膜包严发酵，高温堆闷腐熟15天左右结束沤制，沤肥可就地作为蔬菜追肥施用。

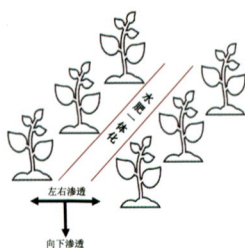

沟灌是我国地面灌溉中较常见的灌溉方法，在作物行间开挖灌水沟，主要借水流动过程中土壤毛细管作用从沟底和沟壁向周围渗透而湿润土壤。沟灌施肥是将水肥一体化与沟灌有效结合的灌溉施肥方式，需要在输水管路的首部安装施肥器或施肥罐，肥料溶于灌溉水中，随灌溉施入作物根系附近。常用于葡萄、甘蔗等宽行距作物，以及茄果类蔬菜等小高畦宽窄行作物。

沟灌施肥的优点：①可操作性强，无需昂贵的水利设备投资；②灌溉水经过沟底和沟壁渗入土壤，不破坏土壤结构，且蒸发量和水流量少，高效节水；③可根据作物需求定时定量供给不同种类肥料，肥效快，养分利用率高；④开沟时还可以对作物有培土作用，防倒伏，在南方地区多雨季节沟渠还可以及时排水，起到排水沟的作用。

在设施蔬菜生产中，沟灌施肥还可以与地膜覆盖栽培技术结合应用，通常将地膜平铺于沟中，水肥混合液从膜上（膜上沟灌）或膜下（膜下沟灌）输送到植株。膜上沟灌施肥适用于偏沙质土壤，水肥混合液通过放苗孔和灌水孔到达作物根部，减少输水过程中的无效渗漏，节水省肥；膜下沟灌施肥适用于偏黏质土壤，水肥混合液在膜下灌水沟中到达作物根部，土壤表面蒸发的水汽在地膜上凝结，再次滴入土壤中，减少水分蒸发到空气中，从而降低棚内湿度。

　　喷灌施肥是利用一定压力将水肥混合液通过管道输送到田间，借助喷头向空中喷洒形成细小水滴，再散落到植物和地面上的灌溉施肥方式。喷灌设备分为固定式、半固定式或移动式，固定式喷灌设备的管道和灌水器均不可移动；半固定式喷灌设备的主管道固定，支管和灌水器则可移动；移动式喷灌设备则是从水源开始的各级管道和灌水器均可移动。

　　喷灌施肥可应用于复杂地形，如陡峭和不平坦的不适合地面灌溉的土壤，其优点是：①避免地面径流和深层渗漏损失，省水省肥；②机械化操作便于控制供水量和施肥量，可根据作物需求精准控制，减少人工成本；③无需田间的灌水沟渠和畦埂，相比其他地面灌溉如沟灌更能充分利用土地，达到增产目的；④肥效快，水肥一体化养分利用率高。

　　喷灌施肥也有相应的缺点：①设备投资费用高，相比漫灌和沟灌增加了喷灌设备的投资；②受天气和气候影响较大，在大风天气时风力作用容易引起喷灌水滴飘移，造成灌溉水利用率低，喷洒均匀系数降低，不适宜进行喷灌，因此多风地区喷灌施肥的推广往往受到限制；③干燥气候条件下，蒸发损失较大，高蒸发和强风条件下的蒸发飘移损失最大可达总灌溉量的30%，因此应选择风力较小时的夜间进行喷灌施肥。

　　滴灌是利用塑料管道或其他的管道将水通过输水管上的孔口或者滴水工具达到作物的根部，实现局部灌溉。滴灌施肥可根据作物生长过程中对水分和养分的需求实现适时适量供给，以保证作物在吸收水分的同时吸收养分。

　　滴灌施肥是一种有效的节水省肥方式，可使肥效提高一倍以上，水分利用率高达95%以上，适用于经济作物及设施农业，在干旱缺水地区也可用于大田作物；自动化管理，可对水肥供应量进行精确控制和均匀灌溉；减少对土壤结构的破坏；减少土壤水分无效蒸发，降低栽培环境湿度，抑制杂草和害虫生长，减少人工和水费支出。

　　滴灌施肥的不足之处是滴灌的滴头容易被水中泥沙、有机物、微生物或者化学沉淀物等堵塞，因此某些滴灌设备（如滴箭）的水源需要进行过滤、沉淀和化学处理。此外，滴灌施肥只湿润部分土壤，由于作物的根系具有向水性和向肥性，因此可能引起作物根系集中生长，从而限制其发展。

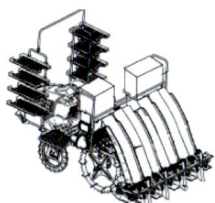

有机肥、化肥侧深施肥　　叶面肥、生物刺激素　　液体肥、沼液滴灌施肥
　　　　　　　　　　　　　无人机施肥

　　机械化施肥是为适应土地规模化经营发展起来的新型施肥方式。应用机械化施肥技术，可以减少肥料的损失和浪费，促进作物根系发育，增强作物养分吸收能力，增加作物产量，减轻化肥环境污染。机械化施肥功效高、劳动强度低，是当前国家大力推广的一项重点技术。

　　（1）侧深施肥　适用于固体化肥、缓释肥和有机肥。主要用于玉米、水稻等作物的种植，精准定量、靶向施用，为作物秧苗稳定提供养分，大幅提高施肥精准度，提升耕作效率，提升肥料利用率，促进根系发育，促进苗齐苗壮，省肥、省工、省时、省力。

　　（2）无人机施肥　适用于叶面肥和生物刺激素。针对现有的人工施肥费工、费时、撒肥不均匀、效率低的问题而发展起来的一种新型高效施肥技术。无人机工作适用性好，操作灵活、方便快捷，可以满足农作物大面积施肥的需求，有效降低农业生产中的施肥负担。

　　（3）滴灌施肥　适用于液体肥和沼液，是一种适应规模化种植的水肥管理方式。可以定时、定点、定量供应水分与养分，协调水肥供应，实现作物高产、优质、高效生产。

　　机械化施肥是一种可兼顾高产优质、轻简高效的施肥方式。

控释肥　聚合物膜层　掺混肥料

概念：指玉米播种时把所需肥料全部
　　　施入，中间不再追肥的技术。

优点：共用播种机，减少施肥人工；
　　　不再追肥，降低劳动量；
　　　控释养分持久损失少，效率高。

不足：控释肥成本较高，膜层不易
　　　降解。

　　在玉米种植中，追肥十分困难，减少化肥的施用次数，采用种肥同播机械随播种一次性完成全生育期施肥已经成为生产中的重要措施。与传统的仅施用尿素等氮肥管理不同，一次性完成播种和施肥需要使用缓控释肥。应用缓控释肥技术不仅能够显著提高玉米等作物的产量和氮肥利用率，还能减少氮素的淋洗、挥发等损失。此外，应用缓控释肥不再需要追肥，能够明显减轻劳动强度。因此，选择高效、合适的缓控释肥种类是实现一次性种肥同播的关键问题。

　　目前应用较多的缓控释肥产品包括聚合物包膜控释肥、含氮素抑制剂的缓释肥、硫包衣及少部分肥包肥产品等，其主要是对氮肥进行缓控释处理，延长氮肥肥效期并减少氮素集中大量施用产生的氮素损失。缓控释氮肥种类、添加比例、释放期等是一次性施肥技术的重要内容。华北地区夏玉米一次性施肥可以选择包膜尿素，养分释放期30天以上，添加比例为30%，也可以选择缓释型的增效尿素，如氮肥抑制剂涂层尿素，添加比例为60%。

66 玉米有机肥机械化施用指什么？

技术要点：播前用大型专用机械，按
照一定的施肥速度，均匀
分散施用有机肥。

注意事项：明确施肥单位时间消耗
量，肥料产品水分含量合
格、杂物少。

　　在现阶段农业生产中，有机肥作为一种重要的肥料，不仅可以让作物获得更加充足的养分，也能够更好地弥补化肥应用中的不足。有机肥不仅含有大量的生物物质等有机养分，还含有植物必需的营养元素，养分比较全面，对于农作物的生长非常重要。

　　夏玉米习惯施肥中很少施用有机肥，主要原因是大田作物种植面积大，需要消耗大量有机肥，而肥源难保证，其次人工施用有机肥成本高、耗时长，种植户不愿投入。随着我国农业的发展，这些限制条件逐渐发生变化，一是农业生产中的废弃物总量增多、有机肥生产量翻了几倍；二是有机肥施肥机械逐步投入使用，使大田作物施用有机肥的条件更加成熟。

　　目前大田施用有机肥的机械分为两种，一种是抛撒式机械，另一种是叶轮翻带式机械，采用拖拉机液压作为动力。抛撒机适合大面积均匀撒，但需要配合翻耕将有机肥翻入土壤；叶轮式适合条带式精准施肥，与起垄配合将有机肥埋入土壤中。

67 水稻一次性施肥指什么？

　　水稻一次性施肥指水稻使用含控释尿素的基质育秧，底肥用控释尿素与普通肥料掺混后一次性施用，不再追肥。水稻施用缓控释肥是提高肥料利用率，降低氮、磷养分流失的重要手段。日本是水稻上应用控释肥较多的国家，其施用控释肥可以使水稻的氮肥利用率提高到60%～80%。近年来，我国在水稻上施用控释肥的研究报道也逐渐增多，施用控释肥减氮20%～30%，可以提高肥料利用率30%～35%，并增产5.0%～18.3%。

　　虽然缓控释肥料在提高氮肥利用率、降低土壤硝态氮的积累、减轻施肥对地下水的污染等方面有较大的应用潜力，但由于控释肥料的价格一般比普通肥料高，单独使用成本较高。目前生产中已形成控释肥与普通肥料掺混，采用机械一次性侧位深施的技术模式，在水稻主产区开始广泛应用。该技术采用树脂聚合物包膜控释尿素为原料，一部分在育秧前与营养土混拌使用，另一部分与普通氮、磷、钾颗粒肥料做成掺混肥料，施氮（N）总量控制在120～160千克/公顷。将掺混肥加入带有肥料斗的专用插秧机，施肥沟与秧苗间隔3.0～5.0厘米，施肥深度在4.0～5.0厘米，形成控释掺混肥侧深施肥技术，全生育期不再追肥。育秧时需注意准确控制控释肥的用量和氮素释放期，用量一般为基质的3%～5%，释放期一般在80～110天。

68 水稻沼液施肥需要注意什么？

· 降低化肥投入
· 提升土壤地力
· 提高产量水平
· 提升绿色发展

水稻种植中可以利用附近养殖场产生的沼液进行灌溉施肥，替代或部分替代传统的化肥施用。要求施用的沼液要发酵完全，性质比较稳定。

（1）沼液前段要进行充分过滤，可以选用网式过滤或碟片式过滤，建议采用管道灌溉时，过滤精度要达到60目（直径0.25毫米）以上。沼液施用中推荐利用管道进行灌溉，防止沼液溢出污染周边水体。沼液灌溉时要注意浓度的控制，防止沼液浓度过高造成烧苗。

（2）沼液施用中要注意总量的控制，推荐水稻上沼液施用以氮定量。应该对沼液的养分含量进行测定，施氮量不超出当地化肥氮推荐量。沼液施用中要注意分次施用，水稻种植推荐分三次施用沼液，其苗期、分蘖末期和穗期的沼液施用比例分别为40%、30%和30%。

（3）沼液的施用要注意与天气的契合，要避免施用后发生大的降雨而造成养分损失。如施用后遭遇大的降雨，可视苗情补充养分，防止缺肥降低产量。

69 冬小麦如何减量施肥？

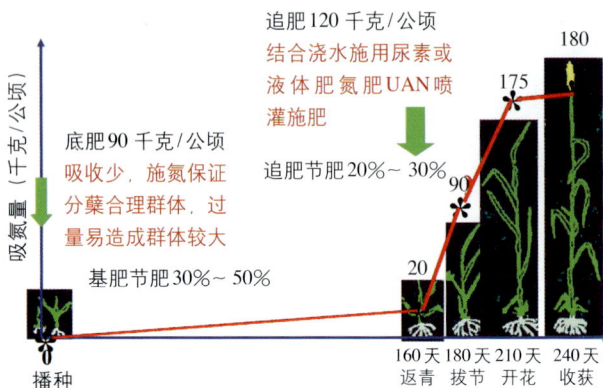

追肥120千克/公顷
结合浇水施用尿素或
液体肥氮肥UAN喷
灌施肥

追肥节肥20%～30%

底肥90千克/公顷
吸收少，施氮保证
分蘖合理群体，过
量易造成群体较大

基肥节肥30%～50%

吸氮量（千克/公顷）

播种

160天 180天 210天 240天
返青 拔节 开花 收获

180
175
90
20

冬小麦减量施肥

冬小麦减量施肥指采用测土、同步作物吸收的施肥方法，底肥避免氮肥过量，选用高磷三元复合肥，可减肥30%以上，追肥尿素或UAN喷灌施肥，减肥20%～30%。冬小麦减量施肥不仅可以降低施肥成本还可以增加产量，减施的重点是降低氮肥的用量，并与磷、钾合理配比。农民的施肥习惯是将小麦整个生育期分为两个阶段，即播种—起身和起身—收获，每个时期各施一次肥，基肥氮和追肥氮各占一半。根据冬小麦氮素吸收规律，第一阶段养分吸收很少，是减肥的重点，因而在生产中应重点控制底肥氮用量，建立合理的冬小麦群体结构，在起身后拔节前结合浇水重施氮肥，如采用喷灌施肥可在孕穗期少量补施氮肥，达到兼顾有效穗数和穗粒数两个产量因素，使小麦在提高品质的同时获得更高的产量。

按照氮素实时监控技术，底肥中氮肥用量可比习惯施肥降低30%以上，选用高磷三元复合肥。追肥结合浇水或雨前撒施，与习惯施肥相比可降低用量20%～30%，或采用新型液体氮肥与习惯施肥用量相同，也可减少纯氮的投入量。磷、钾肥采用恒量监控管理技术，每隔 3 ～ 5 年再进行一次土壤有效磷、钾的测试，根据土壤有效磷、钾的测试和上一个生长周期中作物对磷、钾的吸收量确定下一个周期所需磷、钾肥施用量，这一用量可满足作物高产需求，并将土壤有效磷、钾持续调控在作物高产需要的临界水平上。

技术要点：东西向机器起垄、作畦，东西向安装滴灌设施，轨道运输采收，原畦移栽连作。

技术优点：省时省力，低成本、高产出。

　　叶菜大多生长期较短、换茬快，北京市农林科学院多年研究开发的轻简高效施肥技术有利于提高效率降低成本，非常适合设施生产。该技术的主要内容如下：

　　（1）东西向栽培+液体肥滴灌施肥技术　将温室内作畦方向由南北向改为东西向，直线作业距离增加8倍以上，滴灌主管道南北安装可大幅节省材料，滴灌带条数减少、长度增加，提高安装效率；栽培畦数量减少，实现水肥分畦差异化管理。同时引入UAN（尿素硝铵溶液）、APP（聚磷酸铵）、钾溶液等液体肥升级产品，解决肥料速溶性差、水肥一体化时空分布不均、效益低下等问题，并开发出适合不同类型蔬菜的液体配方肥，产品成本降低30%～50%。

（2）园区配肥站技术　配肥站适合规模化露地叶菜或叶菜比例较大的设施园区采用。氮、磷、钾单质液体肥分别采用1米^{3}的吨桶储存，3～4个为一组，按照作物生育期可以灵活配置不同的养分比例，以生菜为例，在生长早期采用N∶P_2O_5∶K_2O=3∶1∶2的配方，在团棵期采用3∶2∶4的配方，同步作物氮、磷、钾的供应，进一步提高利用效率。一般1个设施园区配置1套配肥站，露地每200～500亩配置1个配肥站。

（3）小高畦膜下沟灌施肥　传统叶菜以平畦种植为主，易产生灌溉积水、环境湿度大、病害多发等问题，在没有条件安装滴灌设施的情况下，采用起垄栽培，垄上中间做出U形结构，实现水肥沟灌一体化，可以有效改善蔬菜生长环境，减少病害，提高水肥利用效率。

常规施用

· 缺少适用装备

· 易发生堵塞

· 效率低

· 施用不精准

沼液滴灌

20目网式过滤

φ0.85毫米   φ0.25毫米   φ0.13毫米
20目滤网   60目滤网   120目滤网

60目网式过滤

120目碟片过滤

· 沼液滴灌装备

· 三级过滤，无堵塞

· 200～300亩/单元

· 水肥控制精准

· 管理效率高

　　传统蔬菜种植中沼液施用缺乏现代化的施用装备，施用效率低下、不精准等问题限制了其应用规模，沼液在蔬菜种植中施用不顺畅现象时有发生。

　　为实现沼液的水肥一体化施用，有必要配套专用的沼液灌溉设备，并实行浓度和用量的精准控制。主要包括沼液过滤工艺、沼液浓度和用量精准控制、灌溉方式选择等。

　　（1）沼液过滤　沼液与灌溉系统对接前需进行多级过滤以避免沼液堵塞管道。推荐进行20目、60目和120目的三级过滤体系，第三级过滤选用碟片式过滤器，并配套反冲洗系统，在发生堵塞的时候能进行反冲洗保障过滤的顺畅性。

　　（2）沼液要进行检测　首先明确沼液的原料情况，不同原料来源的沼液理化性质差异性大。如鸡粪沼液氮、磷、钾总养分含量大于猪粪和牛粪沼液，速效氮占全氮比例也较高。因此要结合化学测试，对沼液速效氮、磷、钾及EC值作全面了解，便于合理地确定施肥量。

（3）沼液浓度适宜、用量合理　基本原则是总量控制、分期优化，其中包括施肥总量的确定、分期施肥配比以及不同沼液原料的选择等。全生育期总施肥量取决于蔬菜达到目标产量的需肥量，受到产量目标、土壤特性、肥料供肥特性等的影响，在土壤、作物等相关条件相同情况下，推荐沼液用量与化肥等氮量施用。

（4）灌溉方式的选择　可选择滴灌和小管出流的灌溉方式。沼液滴灌，要保证滴灌区的压力一致。沼液小管出流，系统要安装减压塞，防止灌水压力过大冲刷土壤和蔬菜。

技术要点：番茄矮化密植东西向定植，选用耐密果型中等品种，机器起垄栽
培，育苗移栽，滴灌施肥，熊蜂授粉，三穗果打顶采收。

技术优点：高产高效，节省水肥投入30%，节省人工20%。

　　常规的设施番茄南北向生产是基于人工劳动方便而不断形成
的，在发展机械化方面存在较大的局限性。随着城镇化加快，大
量农村人口进城务工，农业生产劳动力短缺和老龄化问题日益突
出。设施生产管理人员短缺，往往导致栽培管理不及时、粗放管
理等问题。因此，迫切需要改变温室内传统的南北向栽培，采用
适应机械化操作的东西向栽培，探索农机农艺有效融合的新方式。
采用东西向栽培，机器开沟、作畦便捷，省时省工，还能降低滴
灌设施的成本、促进水肥一体化的推广使用。温室内大量使用机
器，管理方便，利于标准化，有助于实现轻简优质高效生产。

　　番茄的光饱和点较高，光照不足会限制番茄生长。因此在东
西向栽培中，将番茄留果穗数由6～8穗降低到2～3穗，减少植
株前后遮光的影响，同时增加密度，通过合理密植保证番茄东西
向生产的产量不出现下降是促进番茄高效生产的一个应对措施。
华北地区气候相对温和，光照适宜，温差较小。根据这一地区的
光照、温度等环境特点，采取矮化密植东西向栽培是促进温室番

茄实现轻简高产高效生产的一个较好的方式。

在施肥管理上，基肥：商品有机肥控制在0.5～1吨/亩，农家肥控制在2米^3/亩左右，另施三元复合肥50千克/亩（15-15-15或17-17-17）。追肥：采用滴灌施肥，东西较长的温室，首部安装在温室中部；棚长＜60米时，主管道铺设在温室山墙一侧，可显著节省管道用料。及时调试滴灌系统，确保无漏水、堵塞。用固体或液体水溶肥滴灌施肥，坐果后第一次施肥应提高氮肥比例，适当增加灌溉量，之后逐渐提高钾肥比例，控制水量。固体肥可采用高氮钾配方，或采用液体肥配肥站（尿素硝铵溶液、聚磷酸铵、混合钾液）灵活配比，建议氮、磷、钾用量分别为200千克/公顷、60千克/公顷、200千克/公顷。

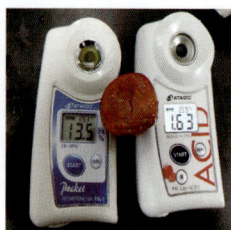

优良品种

成熟度

适度胁迫

平衡营养生长和生殖生长

通过水分和施肥量控制，盆栽中果型番茄糖度为 8 ~ 13 度

（试验地点：北京市农林科学院植物营养与资源环境研究所温室）

　　番茄是世界范围内重要的园艺作物之一，我国番茄种植面积和产量位居世界首位，2019 年我国番茄总产量为 6 287.0 万吨。在番茄产量基本实现产销平衡乃至结构性过剩的今天，其品质包括外观、口感和风味等，成为消费者关注要点。

　　种出好口感番茄的必要条件是采用优良的番茄品种。这些品种通常表现为含糖量高、柠檬酸和苹果酸含量适中、酸甜比适宜，但通常抗病性略差，且栽培过程中的水肥管理和栽培环境对番茄品质影响较大，因此需要成熟的栽培管理措施。好口感番茄在栽培过程中需要适度胁迫，生产中常用的措施多为亏水灌溉和高盐处理。高盐处理会对土壤造成破坏，且不利于植株营养生长，在品质提高的同时容易造成减产；基质栽培和水肥一体化栽种的番茄则可在结果期进行适度高盐胁迫，进而提高果实口感。亏水灌溉在提高果实品质的情况下又能节水，可提高果实内可溶性固形物含量，增加果实硬度，对果实酸含量也有一定影响。考虑到实际生产中兼顾果实品质和产量的需求，应注意植株生长期对营养生长和生殖生长的平衡，可通过持续监测植株茎粗、叶片数等指标进行粗略判断，这些指标一般具有品种特性，不同品种之间存在差异。随着果实成熟度的提高，番茄果实内糖含量逐渐增加，酸含量逐渐降低，番茄口感因人而异，但大多数消费者认为适当酸度的果实风味更佳，因此果实最佳口感的成熟度为八至九成熟。

好口感番茄的栽培方式多样化，如土壤栽培、盆栽、袋培、地上基质槽和地下基质槽等，生产者可根据栽培环境、生产条件、资金投入等实际需求决定种植方式。

东西向种植＋南北差异化施肥

沟灌／滴灌＋水溶肥／液体肥　　喷灌／微喷＋水溶肥／沼肥

　　设施蔬菜可持续生产目标的实现依托于种植、装备、产品、技术和模式的集成，肥料是最关键的一环。要保障设施蔬菜高产、优质及生产过程的生态环保，就必须因地制宜发展设施蔬菜轻简化生产技术，尤其重视肥料的高效施用。

　　设施蔬菜过去多年一直采用南北向的种植方式，这种方式存在垄长短、田间作业效率低、机械化操作难的问题。为此，北京市农林科学院植物营养与资源环境研究所提出了东西向长畦种植技术，采用小型起垄开沟机替代人工起垄，可以更方便地发展滴灌施肥技术，并配套施用水溶肥和液体肥产品。设施大棚内，南北区的光温资源存在较大差异：北边垂直高度大、温度高，南边垂直高度小、温度低，南北区作物长势存在较大差异，对水肥的需求不同。在东西向长畦种植技术下，可方便地在南北区采取不同的水肥措施，北区保持水肥供应不变，南区减少20%～30%的水肥供应量，根据棚内微气候位差异化供应水肥，可充分挖掘水肥利用潜力。

蔬菜对肥料的利用需要以水为载体，肥料的高效利用需要水和肥的合理配伍，实现以水调肥、以肥促水。番茄、辣椒和草莓的水肥管理中，常采用滴灌施肥的方式，将水溶肥和液体肥配制成适宜浓度的稀释溶液，随管道水流定时定量精准供应作物根系。而生菜、芹菜等叶类蔬菜，生产上常采用喷灌或微喷方式，将水溶肥/液体肥/沼肥制成适宜浓度的营养液进行喷淋施肥。

　　以结球生菜为例，其整个生长期对氮、磷、钾（纯量，下同）的需求比例为2.1∶1∶3.7。按照目标产量2 000千克/亩计算，结球生菜吸收的氮、磷、钾分别为7.4千克/亩、2.8千克/亩、6.6千克/亩。定植10天后，气温低、苗情弱情况下，可追一次提苗肥，追尿素2.5千克/亩；定植15～20天，为促进发棵及莲座叶的形成追一次肥，最好用高氮型水溶肥10千克/亩。以后每10天追一次肥，用高氮高钾型水溶肥10千克/亩。

　　我国蔬菜生产肥料用量过大，不仅造成资源浪费，而且引起一系列环境问题，给农业发展与环境保护造成严重威胁。控释肥可以显著降低氮淋洗、氨挥发损失，控释肥能够协调养分的释放时间、强度，使氮素利用率得以大幅度提高。但全部施用控释肥，其生产成本增加较多，不利于农民增收，同时也满足不了蔬菜对养分的需求。

　　采用控释肥育苗与底施普通复合肥配合一次性施用，可以实现控释肥与普通肥料养分协同供应及全生育期免追肥，实现大白菜施肥的轻简高效。控释肥为树脂包膜复合肥，释放期为60天左右，在育苗时与基质混拌使用或作基肥全部基施，普通复合肥为常规氮、磷、钾三元复合肥，施用比例为2：1，总用量（N）控制在150千克/公顷。与习惯施肥处理比，大白菜上施用控释肥可以显著降低农产品的硝酸盐和草酸含量，并对糖和维生素C含量也有明显增加作用。将控释肥与普通化肥按照纯氮2：1配合使用，在降低一半施肥量的情况下，没有造成大白菜减产，并且显著降低了大白菜硝酸盐含量，同时显著提高了糖含量，对大白菜品质有明显的改善作用。

技术要点：小麦季底肥施用高磷高钾专用肥料，将两季磷、钾肥全部施入，
　　　　　玉米季铁茬播种，生长季仅追氮肥。

技术优点：轻简高效，省工节本，养分利用效率高。

　　小麦玉米轮作是黄淮海地区的主要种植模式，一年两茬，种植强度高，多年来形成大量施肥的习惯，尤其是氮肥过量施用比较明显。按照作物收获带走的养分与肥料投入平衡的原理，小麦、玉米施肥量有较大的减肥潜力。小麦季底肥施用中氮高磷高钾专用肥料，将两季磷、钾肥全部施入，小麦返青期、拔节期各追一次氮肥，玉米季不翻地铁茬播种，不再施用或少施磷、钾肥，大喇叭口期追一次氮肥。轮作周期内氮肥实行实时监控策略，基肥前、追肥前均应测试土壤，按照阶段氮肥需求，降低基肥用量，合理增加追肥中氮肥比例，磷、钾进行恒量监控，每3～5年对土壤磷、钾含量进行一次测试，并对磷、钾投入数量进行微量调整。

品种要选育　机械要配套　栽培措施要及时

5月下旬小麦收获　｜　6月上旬种水稻　11月上旬收获　｜　11月中旬小麦播种

小麦早中熟
抗低温

水稻早中熟

施肥：氮肥应适量，防止残留，磷肥应"旱重水轻"，重点在小麦。

措施：小麦收获后淹水泡田、旋埋麦秸、埋草提浆，秸秆灭茬、一次干旋＋
　　　饱水旋耕、机械播种，同步封闭除草，肥水管理，防治病虫害，机械
　　　收获，秸秆粉碎还田。

　　小麦水稻轮作是我国长江流域农业生产传统的耕作制度和重要生产模式之一，能充分利用光温资源，并且上下两茬口的肥料可以相互补充。

　　小麦早期，应有适量的氮素营养和一定的磷、钾肥，以促使幼苗早分蘖、早发根，育壮苗；拔节至开花是小麦吸收养分最多的时期，需要较多的氮、钾营养，以巩固分蘖成穗和促进壮秆、增粒，但是氮肥一定要适量，防止贪青晚熟；抽穗至扬花是形成产量的关键时期，氮、磷营养要保证，防止早衰，实现灌浆饱满和增加粒重。

　　水稻有3个需肥的重要时期：返青期、分蘖期和幼穗分化期。应该注重施好基肥、蘖肥、穗肥和粒肥，在施好基肥的基础上，着重追肥，其中以穗肥为重点，争取穗大、粒多、粒重。

　　小麦在11月播种后，温度较低，根系不够发达，甚至不再生长，而磷肥容易固定（不要撒施表面）、利用率低，特别是在南方

偏酸性土壤上，小麦在此时期的吸收能力较弱，因此小麦应该注重磷肥施用。麦收后种植水稻，此时气温高，土壤处于淹水状态，具有低pH（酸碱性）和高Eh（氧化还原电位）的特点，小麦茬口土壤中残留的磷由难溶性或难利用状态转化为有效态磷，即小麦根系和秸秆中的养分均可供给水稻吸收。

施肥管理总原则：氮肥应适量，防止残留；磷肥应"旱重水轻"，重点在小麦。

肥料累积 → 下茬口 → 吸收肥料

蔬菜投入肥料多，养分累积多　　玉米投入肥料少，可充分吸收残余养分

粮菜轮作是化肥减量增效的重要模式之一，不同粮菜进行合理轮换种植，不仅可以提高种植经济效益，还能有效减少病虫害和肥料投入。

在蔬菜种植过程中，需要大量水肥投入，例如番茄的施肥成本比玉米高5倍以上，但肥料利用率只有15%～30%，有相当部分的养分残留在土壤中。通常蔬菜的根系70%以上分布在0～50厘米土层，有相当部分在表层0～20厘米土层，而粮食作物只有大约一半的根系分布在0～50厘米土层，还有接近一半的分布在土壤50厘米以下土层，所以蔬菜与粮食作物进行轮作，可以很好地利用上茬口残留的土壤养分，不仅可以减少肥料的投入量（比传统的模式可以节省20%～40%的肥料），还可大大减少环境污染的风险。另外，粮、菜是分属不同类型的作物，其对土壤生境的影响也不相同，粮菜轮作有效地降低土壤连作障碍风险。

蔬菜玉米轮作施肥：蔬菜茬口应根据土壤养分和作物养分吸收情况科学施肥，玉米茬口则减少肥料投入，尽可能利用前一茬口的残留养分。

- 草莓分株繁殖+水稻两段育秧方式,错开草莓与水稻的茬口期。
- 草莓收获期与水稻插秧期、草莓更新期与水稻收割期相吻合。
- 草莓根系分布在土壤上层(5~20厘米),水稻根系分布在中下层,肥料利用互补。
- 草莓收获后可翻压作绿肥,实行平衡配套施肥,配合施用中微量元素。

　　草莓是经济价值和营养价值很高的作物,但草莓的连年种植,也带了很多问题,首先表现为土壤障碍,包括土壤次生盐渍化、微量元素不平衡、土壤有益微生物生态结构不平衡、有益微生物菌群减少;其次为长期连作且种植同一品种(系),病毒侵染加重,病害率增高。这不仅使草莓栽植成活率下降,而且极大地降低了草莓的产量和品质。

　　为解决上述问题,生产上通常可以采用增施有机肥、生物菌剂、闷棚等措施,但还可采用一种草莓和水稻轮作模式——旱轮作技术,就是草莓收获期与水稻插秧期、草莓更新期与水稻收割期相互交替。主要是采用露地分株繁殖及水稻两段育秧方式,错开草莓与水稻茬口期的模式。

　　设施草莓的种植期通常在当年9月前后至翌年5月,而水稻在5月中旬至9月中旬有近4个月的生长期。草莓是高经济价值的作物,其施肥投入较大,极易出现因“营养过剩”而导致土壤板结、盐渍化。草莓根系主要分布在土壤上层（5～20厘米），由于水稻栽培中肥料投入少，水稻根系分布在中下层，草莓茬口的肥料可以在水稻茬口互补利用，草莓收获后，可以翻压作为绿肥。同时水稻栽培有淹水过程，可利用其强烈还原过程，杀灭病菌、虫卵，并淋洗盐分，可以有效地降低连作障碍和防治土传病害，减少肥料的投入。

这种栽培模式在季节上能交替，大大降低肥料浪费与环境风险，既使水稻增产，又可提高草莓品质。

第一阶段——"青苔"　　第二阶段——"白碱"　　第三阶段——"红锈"

地面出现绿、白、红三色，说明土壤中矿质元素大量积累，出现了不同程度盐渍化。

　　设施土壤由于长期高投入、高强度的生产方式，造成土壤次生盐渍化现象不断出现，严重影响蔬菜的产量和品质。不合理地大量施肥是造成设施土壤次生盐渍化的重要原因之一。快速诊断土壤盐分的方法可以一看地面颜色、二看蚯蚓活动、三看植株状况。

　　当地面出现绿（青）、白、红三色就说明土壤中矿质元素大量累积，出现了不同程度的盐渍化。出现"青苔"时，表明土壤矿质元素已经出现累积，此时为盐渍化第一阶段；当土壤出现"白碱"时，表明土壤有大量矿质元素累积，为土壤盐渍化第二阶段；当土壤出现"红锈"时，红色是紫球藻，是一种盐碱指示植物，说明土壤里的盐分已经很高，此时为土壤盐渍化第三阶段。

　　蚯蚓喜欢富含有机质的土壤，如果发生盐渍化，土壤有机质含量减少、易板结、透气性差。土壤中缺少必要的食物和空气，蚯蚓的生存和繁殖能力就会大大下降。当土壤中蚯蚓数量减少、活动能力减弱时，表明土壤很可能发生了盐渍化。

由于盐渍化土壤中有机质减少、盐分升高、透气性降低、养分的移动性变慢，使作物根系活性下降，容易出现沤根、死棵、缺素等现象，同时根部受病害侵染更容易，营养元素则更难被吸收，形成恶性循环。当设施作物生长受到抑制时，很有可能就是土壤盐渍化所致。

81 河湖边农田施肥注意事项有哪些？

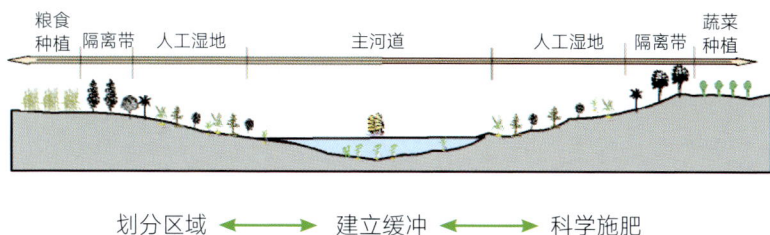

粮食种植　隔离带　人工湿地　　　主河道　　　人工湿地　隔离带　蔬菜种植

划分区域 ◀━▶ 建立缓冲 ◀━▶ 科学施肥

不科学、不合理施肥是导致河湖"赤潮""浒苔"暴发的重要原因之一。针对河湖边农田的施肥，应注意划分区域、建立缓冲和科学施肥。

（1）划分区域　应在周边划定不同类型防护区，根据不同功能划分不同区域，尽可能地使有污染风险的区域远离河湖，主要分为湿地区或处理区、隔离带和种植带，分别执行不同的生态功能，其大小应根据河湖地的水文地质条件、处理能力和作物分布情况确定。

（2）建立缓冲　建立缓冲区域，将农田与河湖进行分隔，减少污染物直接接触水资源，尽可能消除因施肥造成的环境风险。主要采取生态隔离措施，包括湿地、植物篱、生态沟渠和植被缓冲带等。通过生物吸收作用等消耗氮磷养分、净化水质，提高养分资源的再利用率。推荐的缓冲结构为"疏林＋灌草"，可以较为方便地通过密度控制来实现。须根据当地的气候条件，选取适宜的生物物种。要具备一定的宽度和连续性，宽度可结合预期功能和可利用土地范围合理设置。

（3）科学施肥　主要是在周边农田中实施测土配方、合理施肥和应用新型肥料，以减少氮、磷的流失，从而减少施肥对周围水体的污染。

3个原则：
适法
适时
适量

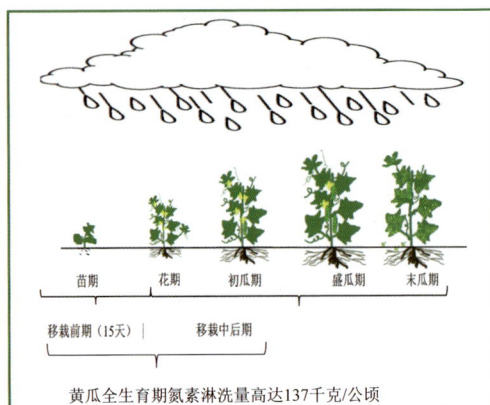

黄瓜全生育期氮素淋洗量高达137千克/公顷

农业可持续生产要求在保持/增加农产品产出的同时，尽可能降低矿质养分流失引起的面源污染风险。雨季露地农田施肥，需要遵循适法、适时和适量的原则，优化施肥方式、施肥时期和施肥量。

优化施肥方式有两条途径，一是有机种植，二是测土配方施肥。有机种植中，不使用化学合成肥料，按照有机农业生产标准要求，使用高温发酵无害化处理后的有机肥、钾矿粉、磷矿粉等天然矿质肥料、微生物肥料、腐植酸肥料及绿肥。测土配方施肥依据土壤养分测试结果、作物目标产量和养分需求量，计算作物养分需求和推荐施肥量。据统计，有机种植可削减50%的氮、磷流失，测土配方施肥可削减25%的氮、磷流失。

施肥后若遇连续或较为集中的降水，会造成农田积水，导致土壤中能快速溶解的肥料非常容易随水流失。因此，雨季追肥操作，必须依据当时的天气预报进行。一般宜在雨前3～4天施肥；

若是预报有小雨或中雨，可以在雨前追肥；若是预报有大雨或连阴雨，则应等雨水停止后再追肥，以免影响肥效。

过量施肥导致的氮、磷流失是农业面源污染的主要原因之一，不仅浪费资源，而且造成地下水和径流富营养化。瓜菜、果菜等作物在苗期、花期和结果初期的根系吸收能力有限，所需养分量小，该时期是控制过量施肥的重点时期。根据作物不同生长期的需肥规律来确定施肥量，从源头上降低氮、磷淋失风险，实现农业清洁生产。

草莓缺钙

　　草莓是需钙量较大的作物，草莓生长过程中对钙的需求仅次于钾、氮，钙是草莓所必需的第三大营养元素，膨果期草莓对钙的吸收量仅次于钾。草莓缺钙时还会导致多种生理性病害的发生，由于钙在土壤中难以移动，因此需要及早对草莓缺钙进行诊断，及时、合理补钙。草莓缺钙的诊断可以从以下几个方面进行：

　　（1）看叶　草莓缺钙时叶片焦枯，即表现为典型的叶焦病症状，一般发生在草莓的新叶上，造成叶片顶端皱缩，叶尖焦枯。

　　（2）看花　草莓缺钙时花器受损，花萼焦枯，花蕾变褐。

　　（3）看芽　草莓缺钙时新芽的顶端出现褐枯坏死。

　　（4）看果　草莓缺钙时果实发软，幼果期会出现僵果，成熟期草莓果实细胞壁薄，细胞密度小，果实表现出发软现象，耐储运性差，果实重量降低，容易感染灰霉病。

　　（5）看根　草莓缺钙时根系受损，根系短、根毛少，根尖从黄白色转为棕色，严重时出现坏死。

　　（6）看土　缺钙并不代表是土壤中钙元素缺乏，大多数的缺钙症状都是由于外在因素造成的钙吸收障碍，比如土壤过度干旱、高温，叶片蒸腾作用弱，土壤钙难以被根系吸收、运输而出现缺钙现象。

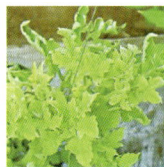

脐腐　　　　　灰霉病　　　　　　　病毒感染

　　钙是细胞膜的组分，也是果胶质的组分。钙以果胶钙的形式参与细胞壁的组成，与植物体内有机酸结合成钙盐，从而防止酸中毒。钙关系到蛋白质的合成及碳水化合物的输送，能消除某些离子过多所产生的毒害。果实膨大期钙素不足，果实易变软、品质差，不耐储藏，不耐运输。因此，钙素营养对番茄的正常生长发育和果实品质提高非常重要。

　　番茄缺钙会导致叶、根、茎、果实生长发育不良。缺钙从新叶、茎尖等幼嫩部位开始发生，番茄植株萎缩，顶部叶片向下弯曲、下垂，叶色黄化，幼叶面积减小、周围变褐、部分枯死，下部叶片正常，保持绿色。顶芽生长停滞，幼芽变小黄化而死亡，近顶部茎出现枯斑，严重时顶端（包括顶芽）全部枯萎死亡。花少，顶花易脱落。果实乒乓球至鸡蛋大小时，其顶部（脐部）最初呈水浸状暗绿色或深灰色，很快变为暗黑色，果肉失水，顶部呈扁平或凹陷状，一般不腐烂，即常说的脐腐病。挖开土壤看根部时，根尖生长停滞、坏死，根毛畸形，粗短分枝较多。

　　番茄缺钙症状与病害有相似之处，但要加以区别，如缺钙番茄叶片黄化时叶脉不黄化，而病毒病番茄叶片呈花叶、叶片卷曲黄化；番茄脐腐果发病部位与正常部位的交界处不清晰，变成"轮纹状"，而果脐生有霉菌则可能是病害所致。

85 辣椒缺钙怎样诊断?

苗期

看生长点：生长点枯萎干枯，顶端叶歪扭。

看叶：叶片黄白相间的斑点，严重时出现从上往下落
　　　叶现象。

挂果期

看果：脐腐、僵果。

看肥：氮、钾肥过量。

看土：干旱、缺水。

与病害区别：有霉变、臭味为病害。

　　辣椒对钙的需求与番茄相似，其缺钙的诊断可分别在苗期、挂果期进行判断。

　　（1）苗期　观察辣椒生长点，生长点出现枯萎或者干枯现象，植株顶端表现为叶片变小，叶边缘黄化、扭曲；后期严重时，叶片出现黄白相间的白点，边缘褐色，出现从上往下的落叶现象。

　　（2）挂果期　果实上出现浅褐色凹陷斑，出现僵果，严重缺乏时，褐色区扩大，表现为脐腐病。辣椒缺钙诊断还要看施肥情况，施用氮肥、钾肥过量会阻碍辣椒对钙的吸收和利用。同时，需要看土壤情况，如果土壤干燥、缺水，土壤溶液浓度高，也会阻碍辣椒对钙的吸收；空气湿度小，蒸发快，补水不及时及缺钙的酸性土壤上都会发生缺钙。

　　辣椒缺钙与病害区别，特别是果实脐腐，如果有霉变和臭味则可判断为病害。

包心前

幼叶叶缘失绿，叶片卷曲，生长点死亡，但老叶仍保持绿色；出现"叶焦病"，湿度大时叶缘腐烂，内叶片边缘呈水浸状至褐色坏死。

包心后

内部叶片顶烧干边，呈豆腐皮状，又名"干烧心"。

　　白菜缺钙常发生在结球包心初期，典型的缺钙症状是幼叶叶缘失绿、叶片卷曲、生长点死亡，但老叶仍保持绿色，嫩叶边缘呈水渍状、半透明，心叶、叶肉和叶缘首先出现黄褐色、变薄或腐烂，逐渐向中包叶和外包叶发展。未结球前，易出现"叶焦病"，湿度大时叶缘腐烂，内叶片边缘呈水浸状至褐色坏死。

　　结球后白菜缺钙内部叶片顶烧干边，呈豆腐皮状，又名"干烧心"，剥开白菜叶球后可以看到部分心叶边缘处变白、变黄、变干，叶肉呈干纸状，有带状或不规则病斑。

地上部

生长点的幼嫩组织初为褐色，心叶叶脉间变褐，逐渐叶缘细胞坏死，呈黑褐色，直至枯死。

茎基部

茎表面变褐干枯，剖开生长点后可见内部中空，呈褐色干腐状，略有酸味。

土壤：土壤呈酸性和降水量较大的地区植株易缺钙，偏施氮肥、土壤干旱会加重病情。

芹菜缺钙时，植株的生长受阻，表现出节间短、植株矮小且柔软。具体可以从以下几方面进行诊断：

（1）看地上部　植株的新生部位生长受阻，幼叶出现黄化、卷曲畸形、脆弱，大多数会呈缺刻状，叶缘会发黄变褐色，然后会逐渐枯死。幼叶会出现早期死亡，叶柄细弱，生长点死亡；小叶的尖端叶缘是扭曲的，会变黑。植株不新鲜，当湿度大的时候叶缘会腐烂。

（2）看茎基部　茎表面变褐、干枯，剖开生长点后可见内部中空，呈褐色干腐状，略有酸味。

（3）根部和土壤　看拔出根，观察到根系少、呈黄棕色，根的分枝很少，没有根毛；土壤呈酸性和降水量较大的地区植株易缺钙，偏施氮肥、土壤干旱会加重病情。

芹菜缺钙一般发生在温度高，特别是干旱或者田间施肥过多的情况下。因为高温会让芹菜植株对其他元素的吸收加快，但却妨碍对钙的吸收，最终造成缺钙。

88 设施蔬菜氨中毒怎样诊断和防治？

叶片萎蔫　　叶边缘和叶脉间褐枯

氨毒防治三要点：施肥防过量、管路防渗漏、棚室防密闭。

　　大棚蔬菜在冬春季出现连续晴天高温时，常常会发生氨中毒的生理障碍。施肥量过大、施肥技术不当、管路渗漏、密闭保温及通风不良等原因，都会造成棚室内蔬菜大面积不同程度氨中毒。

　　据测定，当大棚内空气中氨的浓度达到5毫克/升时，蔬菜就开始出现氨中毒症状。氨中毒发生的时间，一般在追肥后3～4天，也有在追肥后10～15天。氨中毒途径主要通过植株的气孔进入体内，使嫩芽和活力部位最先受到伤害。氨进入植物体内会发生还原反应，所以受害叶片很快会出现褪色症状，叶边缘和叶脉间呈褐枯症状，叶面上呈星状分布的焦状斑点，也有部分叶片发生萎蔫现象。研究人员调查发现，不同蔬菜作物对氨的敏感度不同，辣椒、番茄和黄瓜对氨非常敏感，茄子和叶菜对氨的响应次之。氨中毒产生原因主要有3点：①肥料过量投入产生氨气；②棚内地面直接撒施碳酸氢铵、尿素和人粪尿等，直接产生氨气；③施用未腐熟有机肥，在转化过程中释放氨气。

　　针对以上问题，为防止棚室氨中毒发生，管理上要注意以下几点：①合理控制化肥和有机肥投入量，特别是追肥应该少量多次施肥；②不能撒施肥料，应侧深施肥、开沟施肥或者挖穴埋施；③在晴天早上施肥，追肥后灌足水分，降低土壤肥料溶液的浓度；④有机肥作为基肥施用，一定要充分腐熟；⑤发生氨中毒后，在植株叶片背面喷施1%浓度食用醋，可部分缓解危害。

北京菜田表层土壤有效磷累积情况

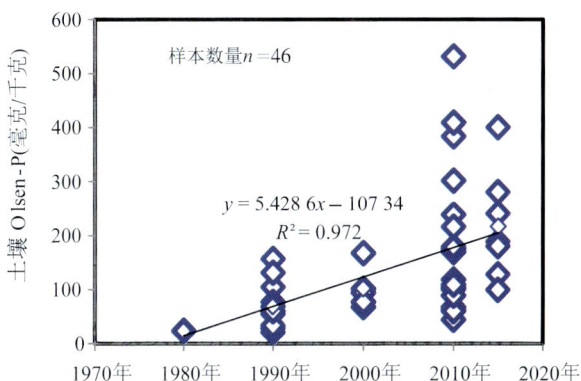

样本数量 $n=46$

$y = 5.428\,6x - 107\,34$
$R^2 = 0.972$

土壤 Olsen-P(毫克/千克)

1970年　1980年　1990年　2000年　2010年　2020年

磷素是作物必需的营养元素之一，是作物生产所必需的投入品之一。

农户及园区种植中，基肥习惯采用氮、磷、钾投入量一致的三元复合肥，以及通过有机肥改良土壤、提升作物品质而过量施用有机肥。农作物全生育期的氮、钾需求量一般大于磷，而生产中一般以氮素需求为依据进行施肥，这导致作物磷素投入量远大于作物带走量。研究发现，部分菜地表层土壤磷素含量已经远远超出60毫克/千克的磷素损失环境拐点值。磷肥过量投入引起的土壤磷素盈余已经成为一个突出问题。

菜地连续多年种植及磷肥每年习惯性过量投入，不仅限制作物生长，而且在高量和高频灌水条件下，土壤表层有效磷会通过地表径流、地下渗漏等途径进入地表水或地下水，导致水体富营养化风险增加。

防控磷素过量累积，有以下几个推荐措施：

（1）控制磷肥投入数量　每3～5年作为一个管理周期，对地块进行土壤测试以监控土壤磷水平，然后按照测试值推荐有机肥施用量，控制磷肥用量。

（2）改进磷肥施用方法　采用条施、穴施、沟施以及根外追施方式，促进磷肥的有效利用，减少磷肥被土壤固定。

（3）优化种植制度　调整种植类型，优化轮作等措施降低菜地土壤磷素盈余。有意识地种植需磷量大、产量高的蔬菜品种，通过收获物移出，尽可能多地降低土壤磷含量。

第 5 章

肥料认识误区与识别利用

90 化肥会导致土壤板结吗？

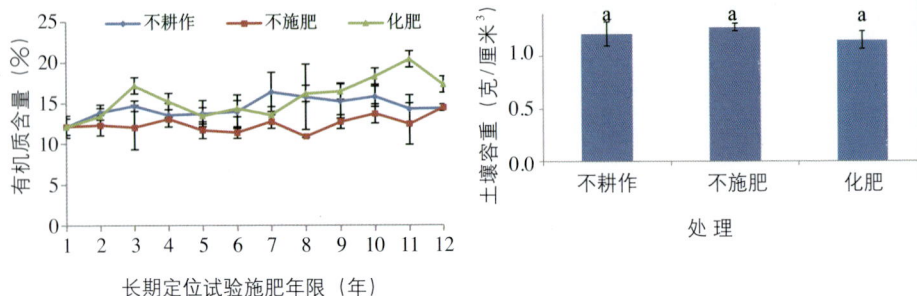

数据来源：北京市农林科学院房山长期定位试验站

    施用化肥会造成土壤板结是一种不全面、不客观的说法。研究发现，长期单一应用硫酸铵肥料的土壤容易出现土壤板结的现象。原因是该肥料施入土壤后，作物对氮素的大量吸收，导致硫酸根离子残留在土壤中，与钙结合形成硫酸钙，造成土壤板结。硫酸铵在我国化肥发展初期应用较多，但目前在农业生产中几乎不再使用，绝大多数已被尿素和碳酸氢铵所取代。这些肥料的成分一部分被作物吸收，余下的二氧化碳和水不会引起土壤板结。所以，不能武断地认为化肥会引起土壤的板结。

    化肥种类繁多，施用化肥的实质是给农作物生长提供养分支持。化肥具有养分含量高、纯度高、养分供应快的特点，合理施用化肥能够促进作物生长。很多肥料长期定位试验证实，在持续使用化肥的情况下，与不施肥相比，土壤有机质含量升高，而土壤容重并没有升高。因此，要正确、辩证地看待化肥。防止土壤板结，一方面化肥和有机肥料要配合施用，增加土壤有机质、增强通透性；另一方面要改善灌溉和农机作业条件，推进保护性耕作，减少人为对土壤的镇压，降低土壤的紧实度和板结程度。

纠偏：不合理施用化肥导致农产品品质下降。

理由：化肥提供养分→作物健康→营养元素丰富、色泽品味好、耐储藏加工。

建议：合理施肥→光温水气土种综合管理。

缺钙番茄——丧失商品性

同理：青椒、茄子、白菜、甘蓝、芹菜、苹果……

同理：缺钾、缺硫、缺铁、缺锌……

　　施用化肥会导致农产品品质下降，这是不科学、不客观的说法，因为只有不合理施用化肥才会导致农产品品质下降。化肥和有机肥的本质都是为作物提供养分，区别是化肥的养分更纯、含量更高、释放更可控。用好化肥可以使作物平衡地吸收各种营养元素，使农产品中营养元素丰富、色泽味道更好，也会更有利于储藏加工，所以农产品健康品质、食用品质、加工品质和商品品质都能得到提升。例如，基质栽培、水培等无土栽培的农产品所用的肥料主要是化肥。如果能做到有机肥与化肥合理调配，结合光、温、水、气、土、种综合管理，农产品的品质会更有保证。

　　无论是化肥还是有机肥料，不合理施用，就容易导致土壤养分失衡、作物出现营养障碍、农产品商品性状降低。比如蔬菜、果树如果长期偏施氮肥或大量施用有机肥料，都容易导致钙素吸收障碍，形成缺钙症状，导致番茄、辣椒、茄子出现脐腐病，白菜、甘蓝出现干烧心，苹果出现苦痘病等，商品性完全丧失。其他中微量元素缺乏也会引起各种生理障碍，进而影响产品质量。

92 施用化肥导致农业面源污染严重，对吗？

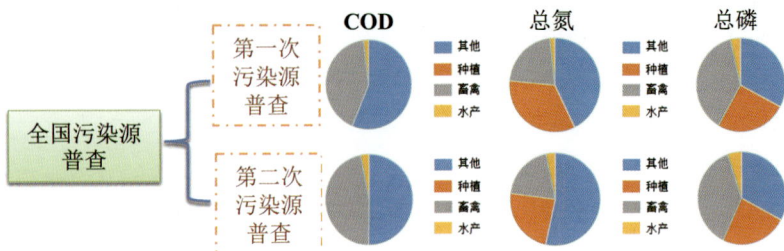

有人说施用化肥导致农业面源污染严重，这句话表述不科学。农业面源污染是指农村生活和农业生产活动中，溶解的或固体的污染物，如农田中的土粒、氮素、磷素、农药重金属、农村畜禽粪便与生活垃圾等有机或无机物质，在降水和径流冲刷作用下，从非特定的地域，通过农田地表径流、农田排水和地下渗漏，使大量污染物进入受纳水体（河流、湖泊、水库、海湾）所引起的污染。化肥确实是一个重要的污染源，与有机肥相同；但是，所有的肥料都是养分提供者，只要科学合理施用，污染都是可控的，肥料本身只是个养分提供者，合理施肥可以确保生态友好。迄今为止，我国已经开展过两次全国污染源普查，对于总氮、总磷的贡献，种植业和养殖业基本相当；对于化学需氧量（COD）的贡献，种植业很小。要控制农业面源污染，种植业、养殖业、农村生活各方面都要抓，而且要齐抓共管。

从施肥与栽培角度来看，要控制农业面源污染，首先要明确当前施肥不够合理的主要作物类型，抓住重点，以肥料投入减量为基本出发点，在施肥结构上采取有机无机相结合、长效速效相结合、水肥管理相结合，在合适的时间、合适的位置施入适量的、合适的肥料，同时在作物的空间布局和轮作、间套作上也进行优化，使土壤中的养分能够得到充分的利用。

120

93 有机肥料中重金属污染严重，对吗？

重金属转移富集链条

饲料 ➡ 猪、鸡、牛…… ➡ 粪便 ➡ 有机肥 ➡ 农田
秸秆……

质量   配方   精准
控制   控制   施用

现在一谈到有机肥料，社会上有种说法，认为有机肥料存在很多问题，其中重金属污染尤为突出。这是不严谨的说法。有机肥料重金属是否达到污染的程度，要以数据为依据，而不是有机肥含有重金属元素就会造成污染。国家标准对有机肥料重金属含量有严格的限制，重金属含量超标就不可能是合格的有机肥料产品，无法进入市场。

有机肥料重金属的来源是什么？目前绝大多数有机肥料是以畜禽粪便为主要原料制成的，归根结底，重金属来源于动物养殖的饲料，饲料里的重金属从哪来？一是粮食类饲料中含有极微量的重金属元素；二是为了弥补动物养殖中微量元素的不足而加入添加剂，随着添加剂的加入，一些矿物伴生元素重金属也随之带入。所以有机肥料中的重金属主要由种养循环中的一个环节带入，国家对于饲料的质量要求中也有重金属指标，而且要求越来越严格。调查研究表明，与以前相比，我国畜禽粪便中重金属含量在显著下降。

有机肥中的重金属含量怎样控制？首先是源头管控，抓好饲料质量执法检查，加强培训；其次在有机肥料加工过程中，做好原料的配方工作，生产出合格的有机肥料。另外，有机肥料施用中也要把握好施肥量，总量控制才是根本。

在宣传上，我们要秉持客观公正的原则，要正视现实问题但不是夸大问题，不能因噎废食，要把有机肥料生产好、应用好。

94 有机肥料中抗生素污染严重，对吗？

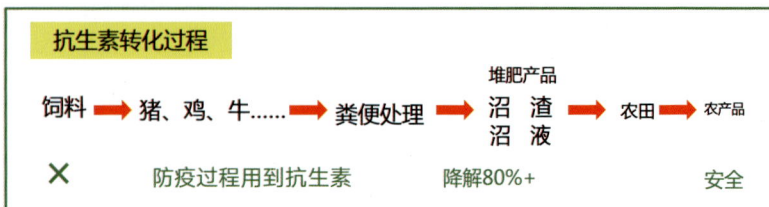

抗生素转化过程

饲料 ➡ 猪、鸡、牛…… ➡ 粪便处理 ➡ 堆肥产品 沼 渣 沼 液 ➡ 农田 ➡ 农产品

✕　　　防疫过程用到抗生素　　　降解80%+　　　　安全

　　有机肥的抗生素污染是一个备受关注的问题。有机肥料中有没有抗生素呢？应该说大概率是有的，但量很低。如同重金属一样，我们也要搞清楚有机肥料中的抗生素究竟是怎么来的，才知道风险究竟在哪里，是不是值得担心。

　　有机肥料的主要原料是畜禽粪便，而畜禽粪便中的抗生素来源于养殖环节，一是可能来源于饲料，二是养殖中防疫治病的需要。目前我国已经禁止在饲料中添加抗生素（农业农村部已发布194号公告，自2020年1月1日起，我国饲料中全面禁止添加抗生素），所以只剩下了养殖过程中防疫治病这个来源。畜禽粪便在加工成有机肥料的过程中，要经历高温堆肥阶段，按照正规的处理流程，绝大多数抗生素都会被降解掉，所以有机肥料中的抗生素含量很低，施入土壤、进入农产品的量更低。

　　以上说的是合法、正规养殖和标准化有机肥料生产，从抗生素污染风险来说相对是低的。但是，如果养殖户滥用抗生素、有机肥料生产厂家或用肥者自制有机肥时不按规定生产（缩短堆肥时间），那么抗生素污染的风险就会加大，所以加强执法检查、推进安全生产，就至关重要。

　　同样，对于抗生素污染问题，我们也要加强宣传，引导公众正确认识，让广大农户既能知其然又能知其所以然，放心、科学地选好、处理好、用好有机肥料。

农田土壤可承载量大，沼液可以多施？

沼液养分含量

沼肥	全氮 (N, %)	全磷 (P$_2$O$_5$, %)	全钾 (K$_2$O, %)
鸡粪沼液	0.54	0.25	0.52
猪粪沼液	0.41	0.2	0.31
牛粪沼液	0.31	0.16	0.32

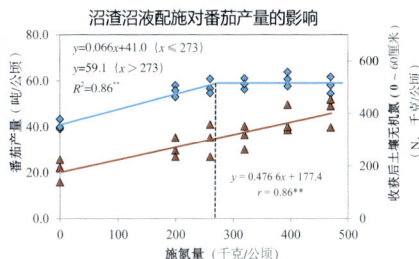

沼渣沼液配施对番茄产量的影响

$y = 0.066x + 41.0 \quad (x \leqslant 273)$
$y = 59.1 \quad (x > 273)$
$R^2 = 0.86^{**}$

$y = 0.476\,6x + 177.4$
$r = 0.86^{**}$

有人认为沼液养分含量低，农田土壤可承载量大，可以多用。这个说法科学吗？显然是不正确的。虽然与商品肥料比，沼液中的养分含量相对较低，但是，不同畜禽粪便来源加工而成的沼液养分含量不同，不同的原料与水配比、不同加工工艺生产的沼液养分含量也有差异，整体来看，每立方米沼液中都含几公斤的氮素。

北京市农林科学院植物营养与资源环境研究所的研究表明，沼液在番茄、白菜等作物上应用，由于氮素绝大多数是速效氮，其肥效与化肥相当，所以沼液施肥需要参照化肥进行总量控制，根据作物的目标产量和土壤现有的养分含量状况，合理安排沼液的施用量。不能期望一个产生几万立方米沼液的沼气站，却只用十几亩地来消纳。

为了科学施用沼液，建议加强检测条件建设，配齐检测设备或提供检测服务，对土壤和沼液均进行必要的养分检测，合理确定沼液用量。另外，为了适应现代农业发展的需要，根据设施农业、山地、稻田等不同场景下沼液施肥的特殊需要，应配备相应的现代化施肥装备，以减轻劳动力投入、提高施肥效率。

96 堆肥施用多多益善？

施用第一年分解特性		有机肥料（举例）	施用效果			连续施用时作物氮素吸收增加	注意事项
分组	碳、氮分解率		养分供应	增加土壤氮素	增加土壤有机质		
分解时释放出氮素	碳、氮快速分解（每年60%~80%）	人粪尿、鸡粪、蔬菜残留物、豆科绿肥；碳氮比10左右	大	小	小	小	可以完全取代计划施肥量中的氮素，不需要加大用量
	碳、氮中速分解（每年40%~60%）	牛粪、猪粪等；碳氮比10~20	中	中	中	大	可取代计划施肥量中30%~60%的氮素，不需要提高施肥上限
	碳、氮分解慢（每年20%~40%）	以秸秆为原料的普通堆、厩肥；碳氮比10~20	中、小	大	大	中	不能代替计划施肥量中的氮素，所有有机肥均作培肥地力用
	碳、氮中速分解极慢（每年0%~20%）	以草炭、锯末等为主的堆肥；碳氮比20~30	小	中	大	小	只能在充分腐熟后施用

　　在生产实际中，堆肥的用量是多多益善吗？肯定不是的。有的菜地和果园是近年由粮田改过来的，为了快速培肥土壤，农户、园区重视堆肥（有机肥料）的施用，用量很大，导致土壤中有效磷的含量由原来的20~30毫克/千克迅速上升到100~200毫克/千克，超过土壤磷素的环境阈值。由此可见，堆肥也是肥料，用量也应进行总量控制。

　　堆肥用量怎样确定？堆肥与化肥特性不同，堆肥中含有有机

124

物质，不同堆肥碳氮比不同，堆肥施入土壤后受碳氮比的影响，分解速度有很大的差异。碳氮比高的堆肥，分解慢，养分有效性低，这样的堆肥基本上只具有改土作用，施肥量可以大些，可以不用过多考虑其当季养分供应量。反之，碳氮比低的堆肥，分解很快，养分有效性高，这样的堆肥与化肥差不多，可以部分替代化肥的养分施用量，需要精准测算堆肥的投入量，把它纳入整个测土施肥养分推荐总量中去。

　　综上所述，堆肥的应用不能算糊涂账，首先要摸清堆肥原料特性，因地制宜测土施肥。其次，根据管理地块的需求，合理地选择搭配使用特定的堆肥。

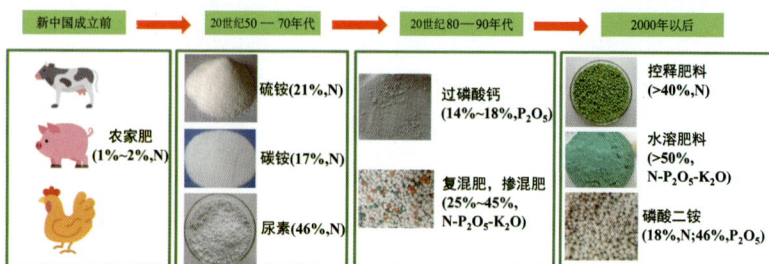

近年来，化肥品种无论是单质肥料还是复合肥料日益向高纯、高含量方向发展，有人认为选用化肥时养分越纯、含量越高越好，这样对吗？化肥纯了，副成分就少，有助于减少肥料用量，使用更加方便，这是优势。但这不仅增加了成本，而且不利于硫、钙等中微量元素的投入，容易导致这些元素的缺乏，特别是在当前作物不断高产的背景下，中微量元素的制约更加明显。因此，选用化肥时并不是养分越纯、含量越高越好。

从新中国成立到现在，施肥经历了以农家肥为主到低含量化肥结合农家肥，再到以高含量化肥为主的不同时期，农田尤其是粮田有机肥料还田不足、化肥越施纯度越高的问题逐步显现，要保证粮食持续稳定生产，就应该确保营养元素的综合平衡供应。所以，这些年各种相关支持项目在陆续开展，推动种养结合、有机肥替代化肥行动，不能忽略的是，在化肥的选用上，也要树立平衡的意识，各类化肥都有相应的质量标准，在选用肥料时，要根据各地地力的情况做出合理的选择。

各地要根据土壤、作物特性，选择适合的肥料进行施肥，做到真正的专用配方，而不是养分越纯、含量越高越好。此外，施肥应提倡有机无机肥料结合，避免长期单施高浓度单质肥料。

1 看 👀
包装标识
是否双层包装
产品合格证
肥料粒度和颜色

3 溶 🥛
观察水中的溶解度

5 搓 🖐
"有油湿"感

2 烧 🔥
是否燃烧彻底
燃烧速度
火焰颜色和烟雾
残留物识别

4 闻 👃
对某些特定肥料
碳酸氢铵——氨味
硫铵——酸味
过磷酸钙——酸味
复混肥——无异味

通过"一看、二烧、三溶、四闻、五搓"来判断肥料真假。

（1）用眼看　首先是看肥料外包装标识是否符合国家规定。除了看包装标识，还要看是否采用双层包装，包装是否坚固，袋内是否有产品合格证，看肥料的颗粒大小和颜色是否均匀。

（2）用火烧　加热或燃烧肥料样品，观察是否燃烧彻底、燃烧速度、火焰颜色、烟雾和残留物识别。例如，碳酸氢铵直接分解，产生大量的白烟，有强烈的氨味，无残留物；氯化铵直接分解或升华产生大量白烟，有强烈的氨味和酸味，无残留物；尿素能迅速熔化，冒白烟，投入炭火中能燃烧。复混肥料燃烧与其构成原料密切相关，当其原料中有铵态氮或酰胺态氮时，会发出强烈氨味，并有大量残渣，取少量复混肥置于铁皮上，放在明火中烧灼，这时有氨臭味的说明含有氮，出现黄色火焰的说明含有钾，氨臭味越浓、黄色火焰越黄，表明氮、钾含量越高。

（3）用水溶　将肥料放入水中溶解，通过识别肥料的溶解度，判断肥料的质量。比如，可以将尿素放入矿泉水瓶中，倒入水，充分摇晃搅拌，如果它们都溶解在水中，应是真的，如果有浊度，那可能是假的；优质复混肥水溶性较好，浸泡在水中大部分能溶解，即使有少量沉淀物，沉淀物也较细小，而劣质复混肥则比较难溶于水，其残渣粗糙而坚硬。

（4）用鼻闻　指通过肥料的特殊气味识别肥料真假的简易方法，对某些特定肥料非常有效。例如，碳酸氢铵有很强的氨味，硫酸铵有酸味，过磷酸钙也有酸味，如果过磷酸钙在生产过程中使用了废硫酸，则会产生强烈刺鼻的怪酸味。复混肥一般无异味，如果有异味且异味重，则可初步判定为劣质复混肥。

（5）用手搓　抓一把化肥在手心，用力握住或按压转动几次，有"油湿"感的是真化肥，特别干燥的则有可能是假化肥。一般优质的复合肥不容易结块、表面光滑、大小均匀，用力搓时不易被搓碎。

怎么才能避免买到假化肥？

看场所	是否有经营许可证；在固定门店购买

看价格	不要购买价格远低于正常价格的农资产品

看品牌	大品牌产品质量相对高

避免购买不合格化肥，首先要做到"三看"。

（1）看场所　看农资经营门店是否有经营许可证，若有，则检查经营范围里面是否有化肥农资这一项。另外，最好在有固定门店的地方购买肥料，尽量不要在走街串巷的游摊上购买肥料产品。

（2）看价格　不要购买价格远低于正常价格的农资产品。一分价钱一分货，这是亘古不变的硬道理。

（3）看品牌　品牌代表的是企业的一种承诺、一种信任，是质量的保证。大品牌能够经受住多年的考验，往往值得信赖。

同时，肥料包装及标识是判断肥料产品质量最直观的内容，《肥料标识　内容与要求》（GB 18382—2021）强制性国家标准专门作了明确的规定。一般来说，可以通过检查肥料的包装标识来初步判断肥料的真假伪劣。

1　工厂化产品品质规格整齐一致的要求

2　创新产品的标记标示

3　先入为主的认知和购买习惯

4　掺混肥料中各原料成分的直观识别

5　便于肥料的使用

根据《肥料 着色材料使用风险控制准则》（NY/T 3503—2019）农业行业标准，肥料用着色剂通常指的是利用吸收或反射可见光的原理，为使肥料呈现某种颜色而使用的物料，包括染料、颜料、食品着色剂和天然色素等。使用着色剂的原因包括：

（1）工厂化产品品质规格整齐一致的要求　基于规模化连续化工业产品规格和品质整齐一致的要求，企业有染色的需求。

（2）创新产品的标记标示　企业开展产品创新或升级时，为了区别市场传统产品，须使用特殊颜色以与传统产品及同类厂家的产品区别标示，这种做法在缓控释肥、水溶肥料等新型肥料上比较常见。

（3）先入为主的认知和购买习惯　国外的化肥最早进入中国时，其产品和对应颜色给中国消费者留下了强烈的先入为主的认知，这种基于产品—颜色对应的心理暗示形成了购买习惯，迫使生产企业不得不对产品染色。比如来自美国的褐色磷酸二铵和俄罗斯的红色氯化钾。

（4）掺混肥料中各原料成分的直观识别　掺混肥料生产时，为了直观区别氮、磷、钾原料和混合均匀度，需要从颜色加以区分。

（5）便于肥料的使用　大量元素水溶肥料多采用滴灌方式进行使用。在大田中，当水溶肥料溶于水后，会使溶液呈现一定的颜色，从而通过滴出的水是否有颜色来判断施肥的进程。在设施农业中，使用带有颜色的水溶肥料，便于观察和控制施肥进程。

种类	无机矿物类 食品级着色剂 天然高分子类营养物质 有机类染料四类	用量	质量百分比0.2％～0.5％， 成本20～30元/吨

　　目前肥料上常使用的染色材料主要有无机矿物类、食品级着色剂、天然高分子类营养物质和有机类染料四类。其中，无机矿物用的多是氧化铁系，多用在复合肥和钾肥染色上；食品级着色剂价格高，染色效果好，多用在缓控释肥料和水溶肥等附加值高的新型肥料上；天然高分子营养类主要用腐植酸、多聚糖、海藻酸等，多用在复合肥料上；有机染料多用于水基液体肥料和粉状肥料的整体着色。

　　肥料着色剂的种类繁多，价格不一，每吨价格从几千元到数万元和数十万元不等，企业一般根据产品工艺、种类、添加位置和价格综合考虑，在保证染色效果的前提下，添加质量百分数控制在0.2%～0.5%，成本控制在20～30元/吨。高端水溶肥和部分缓控释肥料会选择使用食品级着色材料，成本会进一步提升。

无机矿物类
食品级着色剂
天然高分子类营养物质

无毒性

有机类染料
出台了禁用偶氮类染料法规、标准

有毒性!

　　着色材料在土壤中的环境行为及其对作物生长的研究相对有限，且主要集中在染料上。而针对肥料中着色材料在土壤中的行为变化及其对作物生长的影响尚未有相关报道。

　　一般来说，目前肥料上使用的染色材料主要有无机矿物类、食品级着色剂、天然高分子类营养物质和有机类染料四类。其中，无机矿物用的多是氧化铁系，多用在复合肥和钾肥染色上，没有毒性；食品级着色剂价格高，染色效果好，多用在缓控释肥料和水溶肥等附加值高的新型肥料上，没有安全风险；天然高分子营养类主要使用腐植酸、多聚糖、海藻酸等，没有毒性和安全风险；有机染料含有偶氮类结构，有安全性风险。有研究表明，偶氮染料可以在土壤中存留数天至数周，且会对土壤微生物群落结构、作物的生长等经济性状指标产生不利影响；而且偶氮类的某些着色剂有迁移性，具有潜在的致癌、致敏性，会通过还原分解反应，释放出致癌芳香胺，致癌芳香胺经过活化，易引起人体病变和诱发癌症。施用此类着色肥料后，可能给人畜的健康带来风险，引发生态和人身安全问题。目前，包括我国在内很多国家和地区均出台了禁用偶氮类染料的法规、标准，对含有偶氮类的染料及化学品做出严格的最低含量要求和使用限制。

图书在版编目（CIP）数据

肥料实用知识百问百答：彩图版/邹国元，陈延华主编. —北京：中国农业出版社，2024.1（2025.3重印）

ISBN 978-7-109-31633-1

Ⅰ.①肥… Ⅱ.①邹…②陈… Ⅲ.①土壤肥力－问题解答 Ⅳ.①S158-44

中国国家版本馆CIP数据核字（2024）第015135号

中国农业出版社出版

地址：北京市朝阳区麦子店街18号楼

邮编：100125

责任编辑：魏兆猛

版式设计：杨 婧 责任校对：吴丽婷 责任印制：王 宏

印刷：中农印务有限公司

版次：2024年1月第1版

印次：2025年3月北京第3次印刷

发行：新华书店北京发行所

开本：880mm×1230mm 1/32

印张：4.5

字数：125千字

定价：32.00元

版权所有·侵权必究

凡购买本社图书，如有印装质量问题，我社负责调换。

服务电话：010 - 59195115　010 - 59194918